東京高級住宅地探訪

三浦展

晶文社

装丁　水野哲也
本文写真　三浦 展
（出典が記されたものを除く）

まえがき

本書は、東京の西郊の高級住宅地を散策し、感じたこと、調べたことを一冊にまとめたものである。

西郊とは、都心から見て西側に位置する郊外の意味。日本橋よりも西側の郊外はすべて西郊と言われた時代もあった。たとえば戦前の郊外研究の古典、小田内通敏の『帝都と近郊』（一九一八年）には、「西郊の西境は、北豊島《きたとしま》・豊多摩《とよたま》・荏原《えばら》三郡の境を超え」とある（傍点三浦）。北豊島郡とは現在の練馬、板橋、豊島、北、荒川の五区に相当するから、旧・東京市の外側、現在の荒川区日暮里から西が西郊だったのである（五頁地図参照）。しかし今、日暮里を東京の西側だと言っては、かなりの人に違和感があるだろう。

さらに小田内は西郊を「北豊島・豊多摩・荏原三郡の境を超え、その外囲をなせる埼玉県北足立郡の白子村・新倉村、東京府北多摩郡の保谷村・武蔵野村・三鷹村・神代村・狛江村・砧村・調布町等の地域」と書いている。北足立郡の白子村・新倉村とは現在の和光市、そこから旧・保谷市、武蔵野市、三鷹市、調布市、狛江市と下って世田谷区砧から多摩川沿いにずっとつづく地域が西郊の西の端なのである。

しかし本書では西郊を東京二十三区内、山手線の西側に限定し、環状六号線のさらに西側から多摩川までの地域だけを取り上げた。また、西郊は最も狭義では中野区、杉並区を指し、世田谷区、目黒区、大田区は南郊と呼ぶという説もあるらしいが、本書ではその南郊も西郊に含めた。また、練馬区の向山、板橋区の常盤台も取り上げた。

これらの区は、一九三二年（昭和七年）に東京市として併合されたものであり、それ以前は先述した北豊島郡、豊多摩郡、荏原郡の町村だった。まさに郊外の農村部だったのである。しかし、近代化の進展により、地方から東京に人口が集中していく過程で、密集した都心部を避けるように、郊外に移り住む人々が激増した。

当時開発された郊外住宅地の代表は、言うまでもなく田園調布、成城学園である。田園調布と成城学園を高級住宅地と呼ぶことには、おそらくほとんど誰も異論を差し挟まないであろう。しかし本書は、人によっては、これはいわゆる高級住宅地ではないのではないかと思うであろう地域も取り上げている。

だが、戦後、東京圏の人口が増加し、神奈川、埼玉、千葉の各県に膨大な人々が住むようになって形成された中流住宅地と比べると、本書が取り上げた住宅地は、庭も広く、緑も豊富で

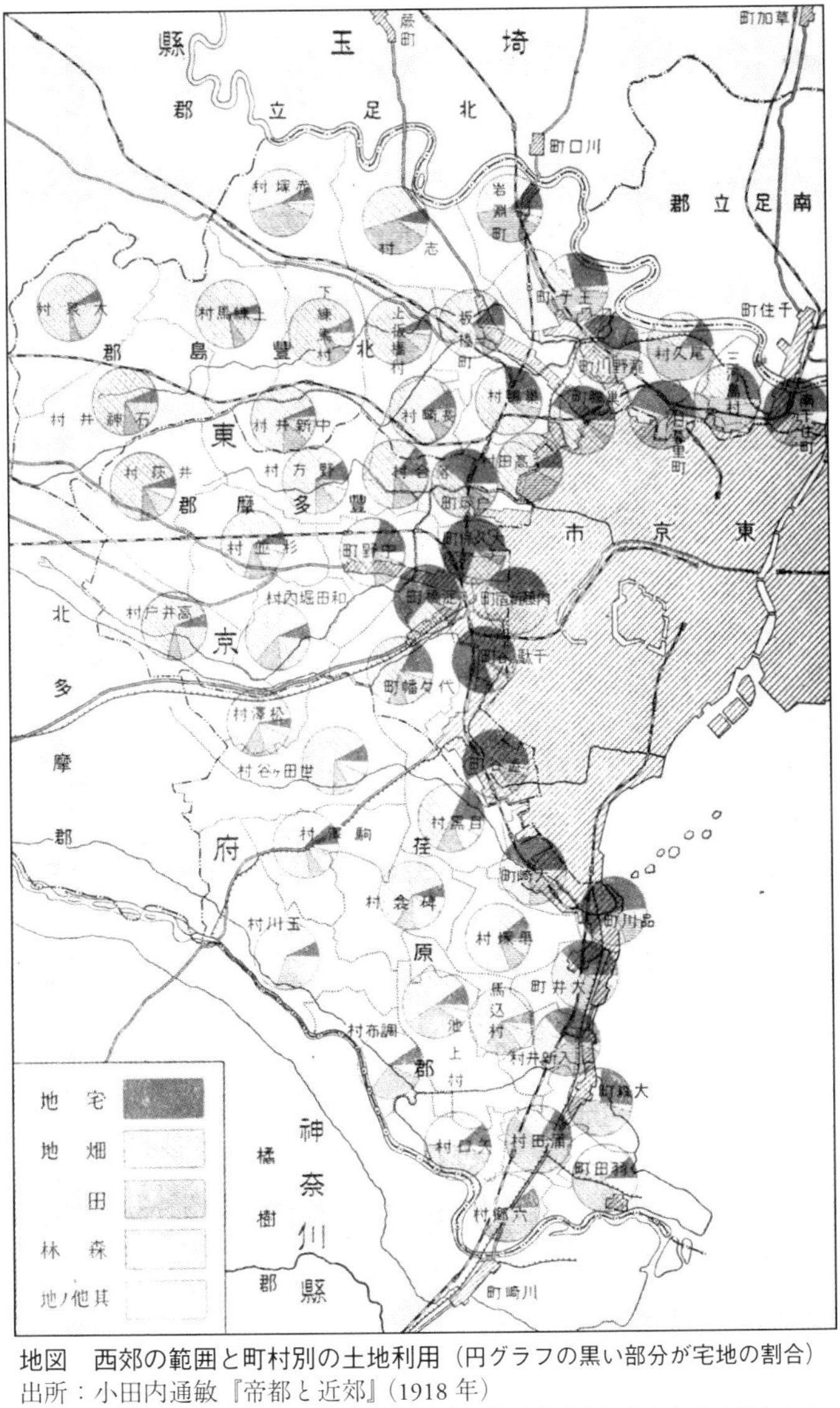

地図　西郊の範囲と町村別の土地利用（円グラフの黒い部分が宅地の割合）
出所：小田内通敏『帝都と近郊』（1918 年）
注：明記されていないが 1915 年（大正 4 年）の数字をもとにしていると思われる。

あり、住宅自体の質も高い。もちろん、それらの住宅が戦前に分譲された頃は、プレハブ住宅などはなく、大工が、時によっては宮大工が、しっかりと施工している。デザイン的にも凝ったものが多く、大量生産品にすぎない現代の住宅と比べると、手が込んでいて、非常に趣がある。そうした意味で、本書が取り上げた西郊の住宅地は、現代の一般的な中流住宅地と比べれば、十分に高級住宅地と呼べるものであろう。

しかし、これらの住宅地も時を経て変質している。当初は三百坪前後あった敷地が五十坪ほどに細かく分割されている例は事欠かない。戦前の住宅はほとんどが建て替わり、現代の中流住宅とさして変わらぬ住宅が増えている。マンションになってしまっているケースも多い。相続税対策などの観点から、致し方ない部分もあるが、せっかくの良好な住宅地の質の低下を見なくてはならないのは悲しいことである。

私はこれまで東京散歩の本、吉祥寺、高円寺の研究などを上梓してきたが、本を出してから五年もすると、かなり多くの店や住宅が消失してしまう現実を実感してきた。本書でも、戦前に建築された住宅などの写真を数多く掲載しているが、これらが五年後、十年後にも残っている可能性はかなり低いと言わざるを得ない。そういう意味で、本書は、二〇一二年の時点での東京西郊高級住宅地の記録にもなっていると思う。

思えば、私がこうした戦前の住宅地に興味を覚えたのは、一九八〇年代に大岡山、奥沢方面に住んでいたことがきっかけである。当時はまだ戦前の住宅が数多く残っていた。住宅は生け垣で囲まれ、庭には棕櫚《しゅろ》の木、柿の木、みかんの木などが植わっていた。

ところが、バブル時代になると、地価が高騰したために、家を売ってもっと郊外に引っ越す人、逆に都心の土地を売って引っ越してくる人が増えた。また、固定資産税や相続税が払えないという理由で、家が取り壊されたり、土地が分割されたりした。結果、落ち着いた街並みの中に、やけにけばけばしい、いわゆるバブリーな家が増えていった。自分の家でも土地でもないのに、私は大きな喪失感を味わった。以来、いつかこうした戦前の住宅地について何らかの本を書きたいと思っていた。それが二十五年ほど経ってようやく、ささやかだが実現できた。それが本書である。

なお、本書では山口廣編『郊外住宅地の系譜』を大きな導きの糸として活用させて頂いた。また、高級住宅地選定のひとつの基準として同潤会の住宅地があることも念頭に置いたことを記しておく。同潤会の住宅地自体は本来高級というわけではないが、高い理念の下、非常によく計画された住宅地であるため、結果として、今は同潤会の周辺も含めて、高級住宅地化していると思われるからである。

東京高級住宅地探訪　目次

序

田園都市の百年と高級住宅地

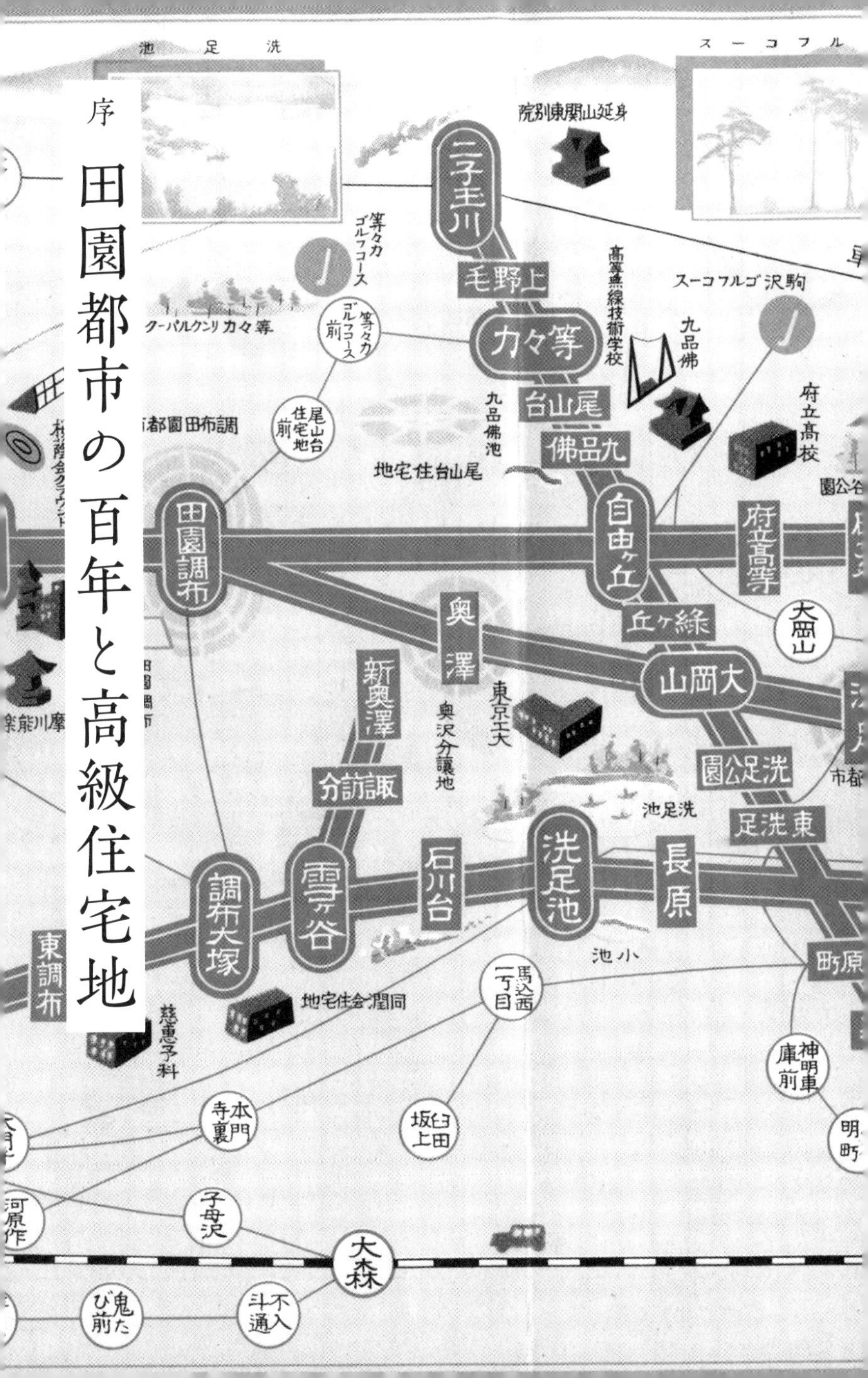

二〇一三年は田園調布の分譲が開始されてから九九十年に当たる。一年早く分譲開始された洗足はすでに今年で九〇歳である。渋沢栄一が同志数名と田園都市の計画を練り始めたのが一九一三年（大正二年）だから、来年は九百年である。また桜新町の住宅地は一九一二年に分譲されている。そういう節目の時に今はある。

私は先般『第四の消費』という本を上梓したが、この本では日本の近代社会を消費の観点から四段階に分けている。その一段階目、第一の消費社会が一九一二年（大正元年）から四一年（昭和一六年）の九三十年である。

第一の消費社会は日本社会に中流階級が生まれ、西洋に範を取った和洋折衷型の生活様式が生まれた時代である。核家族が、郊外の住宅地に住み、都心のオフィス街に通勤し、休日は新宿、渋谷などのターミナル駅の百貨店で買い物をする、あるいは二子玉川園、多摩川園などの遊園地でレジャーを楽しむ。こうした現在に通ずる生活様式が確立したのが第一の消費社会である。

本書が論ずる東京西郊高級住宅地はまさに第一の消費社会において誕生したものであり、その担い手は中流階級であった。もちろん当時の中流階級は現在のそれとは異なり、現在から見れば上流に近い人々が住んだ。だから当時開発された住宅地は、しばしば現在高級住宅地と呼ばれるようになっている。

まえがきでも書いたように、東京西郊に住宅地が開発され始めたのは、ほぼ大正から昭和初期、西暦で言えば一九二〇年代である。東京市内の人口がふくれあがったのに加えて、一九二三年（大正一二年）に関東大震災があり、都心から郊外への人口移動を加速したからである（左図参照）。

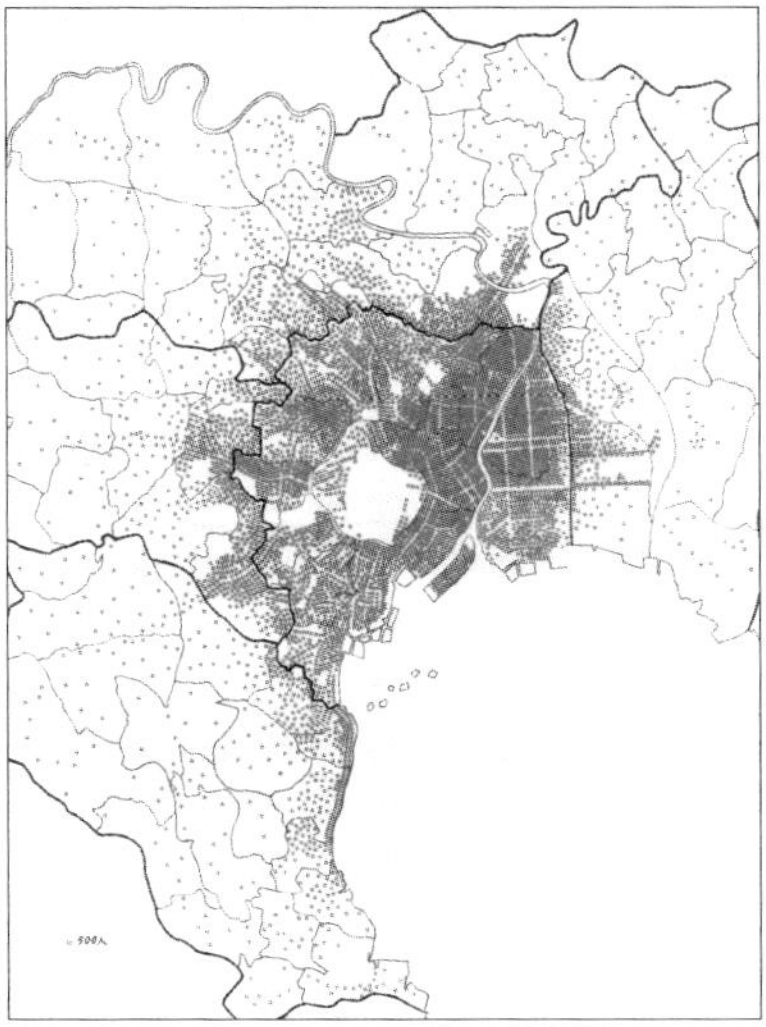

図　大正９年（1920年）人口分布図

図　大正14年（1925年）人口分布図
出所：『日本地理大系第三巻 大東京篇』改造社、1930年

現在の品川区から目黒区、世田谷区に相当する旧・荏原郡では、一九二〇年に二五万三八七一人だった人口が二五年には五二万五七四一人に倍増、さらに三〇年には七九万八五一八人と十年間で三倍以上に増えている。

同様に、旧・豊多摩郡も一九二〇年は二七万八四〇三人、二五年は四七万六五四八人、三〇年は六三万五六六二人と、十年間で約二・五倍に増えている。

特に増加率が一〇年で約六倍以上と大きいのは以下の村である。

	一九二〇年	一九三〇年	増加率
荏原郡平塚村	八五二二人	十三万二一〇八人	十五・五倍
碑衾村	四一九三人	四万　九七二人	九・八倍
馬込村	二七二五人	二万三〇二五人	八・五倍
蒲田村	六四二〇人	二万五六一六人	六・九倍
世田谷村	一万三〇五四人	七万三一一〇人	五・六倍
豊多摩郡杉並村	五六三二人	七万九一九三人	十四・一倍
野方村	七三二三人	四万六八三五人	六・四倍

地図にすると、現在の品川区の西半分、大田区、世田谷区、中野区、そして杉並区の東半分で増加率が高いことがわかる（左図参照）。まえがきで述べた環状六号線から環状八号線にかけての地域にほぼ相当する。ここに、本書が取り上げた地域もかなり含まれている。

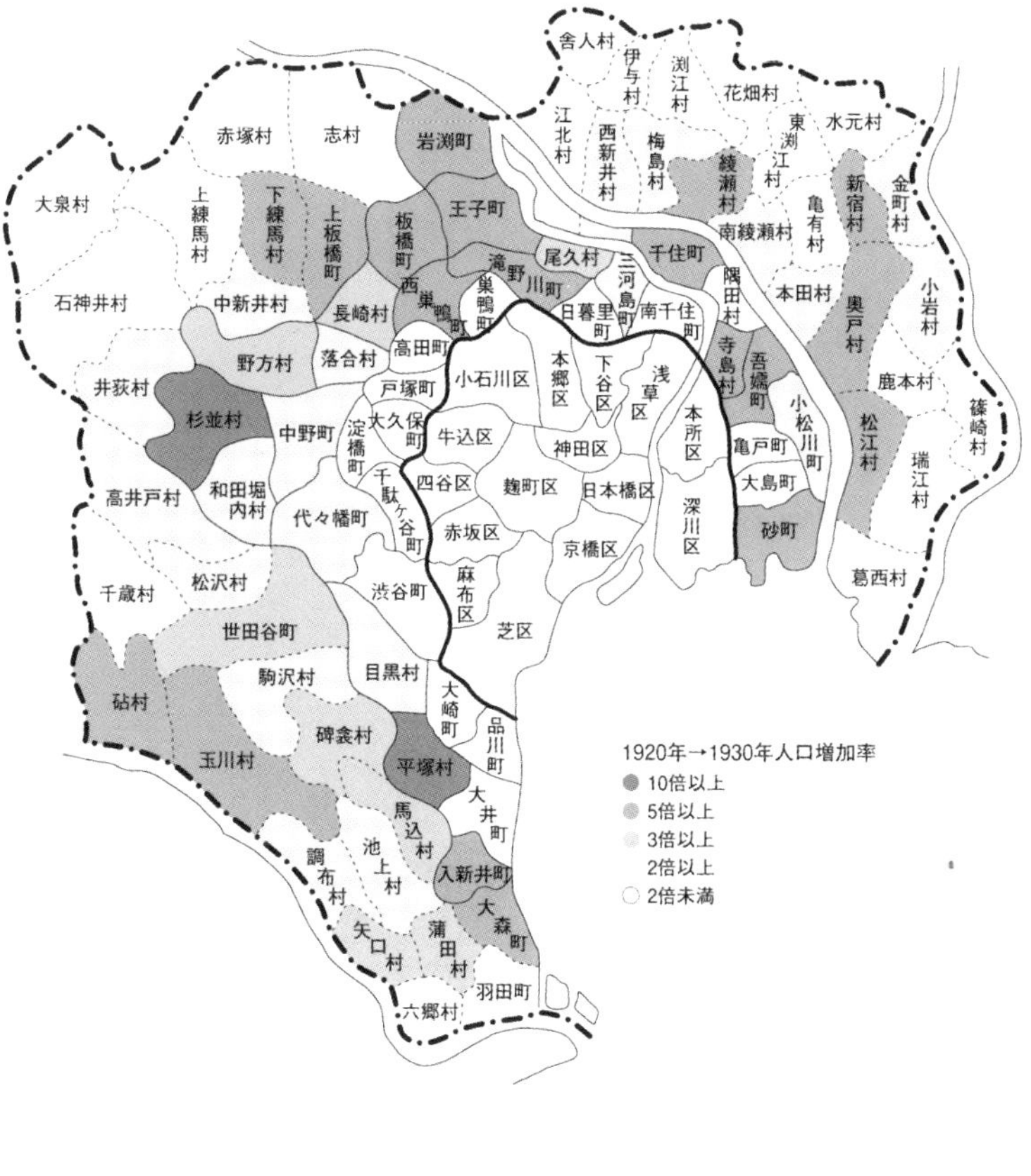

図　1920-30 年の東京市郊外の町村別人口増加率
資料：東京都資料より三浦展作成

郊外における人口増加を加速した原因のもう一つは、都心にオフィス街や工場地帯が増え、生活環境が悪化したため、緑豊かで空気がきれいな郊外に住むことが、これからの、あるべき新しい住まい方であるという思想、言い換えれば田園都市思想が普及したことである。

現在の三〇代以下の若い世代は、都心部の生活環境が悪かった時代を実感として知らない人が多いが、昭和四〇年代までの都心は、自動車の排気ガス、工場から出る煤煙などのために空気が汚く、河川も工場や家庭から出る排水によって汚れ、ヘドロがたまっていた。工場は騒音、震動も発生し、都心は住むには適さない場所になっていた。今と違って高層住宅もごくわずかだったから、人々は平屋か二階建ての住居に住むしかなく、人口の過密ぶりがひどかった。だからこそ、郊外に引っ越したいという気持ちを人々は強く持ったのである。このように都心が住みにくいものになりはじめたのが、一九二〇年代である。隅田川、神田川、目黒川などの川沿いの低地には工場が多数立地するようになっていた（左図参照）。

しかも都心の人口密度が高かった。たとえば浅草区の人口は一九〇八年（明治四一年）には三〇万六八二一人もあり、人口密度は一㎞平米あたり約六万人である。一㎞平米あたり六万人とは、一人あたり一七平米ほど、つまり畳十畳である。家だけでなく商店も道路も含めて一人十畳である。

図　飲食工場分布図

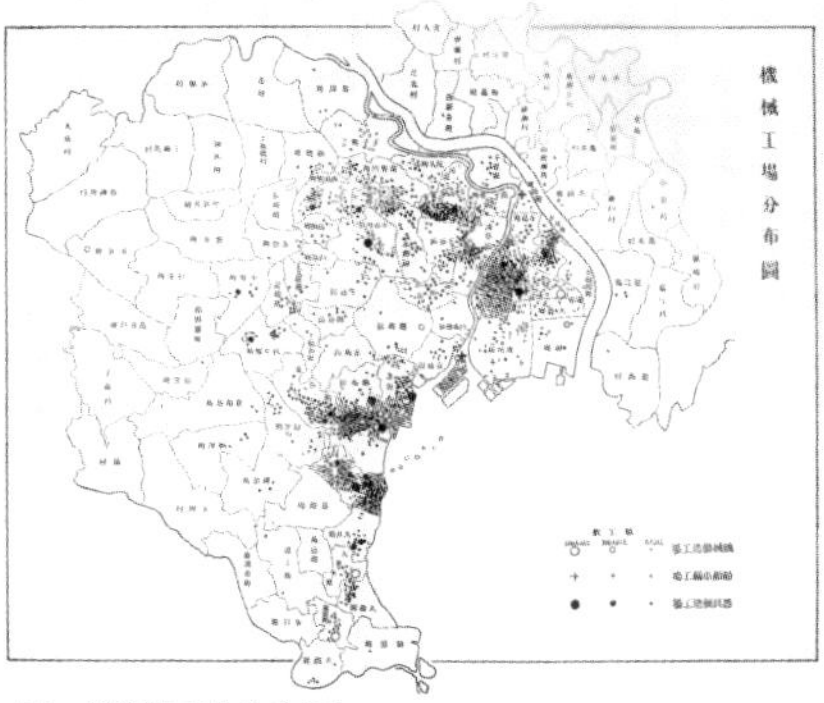

図　機械工場分布図

図　雑工場分布図

図　化学工場分布図

出所：『日本地理大系第三巻　大東京篇』、改造社 1930 年

現在、台東区で人口密度が高い地域でも二万人から三万人ほどである。しかしマンションがたくさんあっての二、三万人である。大正から昭和にかけての浅草では平屋の長屋がほとんどである。それで人口密度が七万人ということは、現在なら、感覚的には一五万人とか、二〇万人といった超高密度だったはずである。

人口が過密な上に、台風などによる水害も多かった。また今よりもずっと衛生状態が悪かったので、巻末年表にもあるように頻繁にコレラが発生し、大量の死者があったのである。落語の伝説的名人、古今亭志ん生は、一九三〇年代に本所業平橋、つまり今のスカイツリーの足下に住んでいたが、こう書いている。

「業平ってえと、在原業平かなンか思い出して、知らない方はちょいとイキなところだろうと思うでしょうが、とんでもない。もともと池か沼だったところを、関東大震災のときのゴミかなんぞ埋めて、バタバタと長屋をおッ建ててしまったところなんですよ。排水だの衛生だのってことなンぞまるでかまっちゃいない。

雨が降るってえと、あたり一面が海のようになるから、壁や柱にその水のあとが、模様みてえにしみついてしまう」。壁を「五寸くらいもあって、背中に黒い筋かなんかはいっている」なめくじが「ふんぞりかえってあるいている」。それから「『おう、いま、けえったよ』って言おうと思ったら、途端に蚊が二、三十も口の中へとび込んで来やがって、モノが言えやしない」という状況だった（古今亭志ん生「びんぼう自慢」／塩崎、一九九七）。

こんな状況だったから、お金さえあれば、もっと広々したところに引っ越したいと思って当然だったのである。特に、都心から東側に広がる低地ではなく、西側に広がる台地の上に住むことが希望された。空気がきれいで、じめじめしておらず、コレラなどの伝染病にかかりにくい健康な生活ができる土地が求められた。こうして、大正から昭和にかけて勃興していた中流階級は西側の台地の上に住むようになった。それに併せて、生活に必要な商店街や町工場も郊外に増え、江戸時代で言う町人に相当する人々もしだいに西郊に住むようになったのである。

本論で述べるように、西郊の郊外住宅地の選定基準は「高燥」であることである。高台で、風がさわやかに吹き抜け、空気が乾燥しているということである。小田内の前掲書には、五反田駅付近と言うから本書の言う西郊には含まれないかも知れないが、高台にある畑を売って宅地にするところを描いた絵が掲載されている。高台の畑は水を運びにくいから不便である。宅地として売れるならそのほうがよいと考える農家が多かったのであろう。畑にふさわしくない土地が郊外住宅地としては最適だったのである。

人口の移動とは別に西郊に当時増加したのが軍隊、病院、大学、官庁などの施設である。小田内の『帝都と近郊』によれば、中野町には電信隊営、交通兵団司令部、東京府農事試験場、杉並村には蚕業試験場、目黒村には近衛輜重兵営《このえしちょうへいえい》、林業試験所、火薬製造所、農科大学付属農場、世田谷村には騎兵営、獣医学校、第二衛戍《えいじゅ》病院、砲兵旅団司令部、近衛砲兵営、駒沢村には砲兵営、園芸学校といったように、多くの施設が立地するようになったのである。

日本の近代化を進めるために東京に人口が集中し、その人口が郊外に流出したのと並行して、近代化を進めるための各種施設も西郊につくられていったのである。その意味では東京の西郊とはまさに近代化の産物であると言うことができるだろう。

参考文献

塩崎文雄「震災復興と文学――『濹東綺譚』の考古学」（原田勝正・塩崎文雄編『東京・関東大震災前後』日本経済評論社、一九九七）

第一章

田園調布

高級住宅地の代名詞

長嶋茂雄とアメリカのイメージ

高級住宅地と言って思い浮かぶ街はどこですかというアンケート調査を日本中で行ったら、おそらく一位は田園調布であろう。他にも高級住宅地はあり、見方によってはもっと高級だという住宅地もあると思うが、いちばん有名なのはやはり田園調布ということになるのではないか。

そういえば、三十年近く前に、母を連れて田園調布を散歩したことがある。年末の、雪の降る日だった。母は、東京観光などほとんどしたことがない。上野のパンダを見て、池袋のサンシャインシティの展望台に上ったくらいだ。ところが、そのころ私が大岡山に住んでいたので、目蒲線で田園調布に来てみたのだ。名にし負う田園調布を見て、いたく母は感激していた。特に鳩山さんの家が気に入ったようであった。

たしかに田園調布を歩くと、素直に高級だなあと思う。伝統を感じさせる駅舎、駅を中心に放射状に伸びる銀杏の並木道、それと交差する環状の道路は、歩いているとゆったりとカーブし、歩くのが楽しい。そして各住宅の広い土地、頑丈そうな家、よく手入れされた庭木。多摩川を見下ろす宝来公園。高級住宅地を構成する要素がすべてそろっている。

駅から上り坂になっている街路は、宝来公園のあたりで多摩川に向かって急に下がるなど、田園調布は全体に起伏に富んだ地形である。低い土地に造られた街路を歩く者を高台から見下ろすように建つ家はどうしても威圧的な印象を与える。同じ高級住宅地でも、成城の地形は平

田園調布の邸宅

坦である。そのためか、街の与える印象はどちらかと言えば女性的で、おだやかだが、田園調布の起伏に富んだ地形は男性的に感じられる。

なぜ田園調布が、本郷西方町や目白や麻布や松濤や代々木上原などを押さえて最も有名な高級住宅地となったのか。それはおそらく、長嶋茂雄と石原慎太郎のせいだろう。そう言えばこの二人は明らかにマッチョであり、男性的である。

特に日本スポーツ史上最大のスター、戦後日本最大のスターとも言える長嶋が、自宅の庭の芝生に寝転がって子どもたちと遊ぶ光景は昭和四〇年代にテレビや週刊誌などで数多く伝えられた。芝生の庭というだけでも庶民には珍しい時代。そこに寝転がって遊ぶというのは、長嶋家の庭の広さを伝えただけでなく、アメリカ的な豊かさのイメージをも伝えたと言えるであろう。

事実、田園調布のモデルはカリフォルニア州サンフランシスコ郊外の高台にあるセント・フランシスウッドという住宅地である。地名から明らかなように「サンフランシスコ（聖フランチェスコ）の森」という意味である。

田園調布は、田園都市を日本に実現しようとしたものだから、世界最初の田園都市と言われるロンドン郊外のレッチワースがモデルだと言われるが、それは間違いで、いや、間違いと言うのは言い過ぎかもしれないが、正確ではない。直接のモデルはセント・フランシスウッドなのである。セント・フランシスウッドには私も一度行った。かなり高台にあり、斜面に沿って住宅が並んでいる。たしかに多摩川を望む高台にある田園調布のモデルにふさわしい。

セント・フランシスウッド（カリフォルニア）

レッチワースの街並（イギリス）

渋沢栄一の悲願

近代日本産業界において神様のような役割を果たした渋沢栄一は、それまで数度の欧米視察の際に各地の住宅地についても訪問しており、日本にも田園都市が必要であることをかねてより力説してきていたが、一九一三年（大正二年）十月には、有力者数人と田園都市づくりの企画検討を開始した。自伝『青淵回顧録』にこう書いている。

「元来、都会生活には自然の要素が欠けている。しかも、都会が膨張すればするほど自然の要素が人間生活の間から欠けていく。その結果、道徳上に悪影響を及ぼすばかりでなく、肉体上にも悪影響をきたして健康を害し、活動力を鈍らし、精神は萎縮してしまい、神経衰弱患者が多くなる。人間は到底自然なしには生活できるものではない。人間と自然との交渉が稀薄になればなるほどこれを望む声が生まれてくるのは当然のことである。近年、東京、大阪などの大都市生活者の中で郊外生活を営む人が多くなったのも、一面では経済上の理由もあるだろうが、主として、都会の生活にたえきれなくなって自然に親しむ欲求からであることはまちがいない。都会の最も発達している英国などにおいては、かなり前から都会生活の中に自然をとり入れることに苦心しているが、年々人口の増加する大都市に自然をとり入れることはむずかしい。そこで二〇年ばかり前から、英米では『田園都市』というものが発達してきている。この田園都市というのは簡単にいえば自然を多分にとり入れた都会のことであって、農村と都会を折衷したような田園趣味の豊かな街をいうのである。私は、東京が非常な勢いで膨張していくのを見るにつけても、わが国にも田園都市のようなものを造って、都会生活の欠陥を幾分でも補うようにしたいものだと考えていた」（東京急行電鉄、一九七三）。

このように渋沢栄一は余生を公共事業のために捧げることを決意し、一九一六年（大正七年）一月に同志と共に都市計画をまとめ上げた。発起人に名を連ねたのは、栄一の他、東京商法会議所二代会頭・中野武営、京橋、日本橋の紳商として名高い服部時計店の服部金太郎、そのほか、緒明圭造、柿沼谷雄、伊藤幹一、市原求、星野錫。息子の渋沢秀雄も発起人の一人となった（同）。

設立趣意書には、田園都市の目的は「黄塵万丈《こうじんばんじょう》たる帝都のちまたに生息して生計上・衛生上・風紀上の各方面より圧迫を蒙《こうむ》りつつある中流階級の人士を空気清澄なる郊外の域に移して以て健康を保全し、且つ諸般の設備を整えて生活上の便利を得せしめんとするにあり」という。建設地は、東京府下荏原郡玉川村および洗足池周辺を予定したが、この「土地高燥地味肥沃」であり、つまり高台で乾燥してさわやかであり、「近く多摩川の清流を俯瞰し、遠く富岳の秀容」と「武相遠近」（武蔵野と相模）の山々を「眺望し、風光の明媚なる」ことと一幅の絵のごとくであり、かつ「附近には歴史的の名所旧蹟各所に散在して、遊覧行楽」を楽しめる、「田園都市建設地

田園都市のシンボルであるイチョウ並木

として」まさに「無二の好適地」と言っている（同）。

ただし、栄一の言う中流階級とは、今の中流とは違う。藤森照信によれば、渋沢栄一は田園調布をサラリーマンのために郊外住宅を供給したいと思ったのではなく、商店のオーナーに対して、店舗とは別の住宅を郊外につくってあげたいと思ったのだという。栄一は、数回欧米の大都市を視察した結果、商店は店舗と住宅を別にしており、住宅は郊外にあって、郊外から毎朝通勤しているのが常であるが、東京においては都心の貴重な商業地区に人が住み、庭園などをつくったりしている、これは、本来都心に必要な施設の建設を妨げる、土地の「浪費」であると考えたのである（藤森照信、一九八七)。それはとても産業ブルジョワジーらしい考え方であったとも言える。

タゾノトイチさん?

一九一六年九月、田園都市株式会社が設立されると、栄一は相談役につき、秀雄が支配人となった。会社は設立当初事務室を大手町の日清生命館内に置いた。しかし設立当初には笑える逸話もある。

秀雄は社内誌『清和』創立三〇周年記念特集号に当時のことを述べている。「よそに電話をかけるたびに、私は社名が通じないので弱った。『こちらはデンエントシです』と絶叫しても、『は? デンセン? デンセンボチ? 伝染病の墓地?』縁起でもない。『違います。タンボの田に動物園の園、それから京都の都に東京市の市、田・園・都・市になるでしょう』、『はあ、なるほど、田園都市』、やれ嬉しやと思うたとたん、『何です。それは?』

ある日、社用の電報を打ちにゆき、局員が料金を計算するあいだベンチで待つ。すると窓口から『タゾノさん』、『タゾノトイチさん』と呼ばれ、ハッと気がついたことなどあった。すべてこれは、関東大震災以前ののどかな夢である」(東京急行、一九七三)。田園都市も九〇年以上前は、何だかわけのわからないものだったのである。

田園都市株式会社は「おもちゃのようなもので、やがて東急コンツェルンに成長しようとは渋沢すら思ってみなかった」と藤森照信は書いている（藤森、一九八六）。つまり当時の田園都市計画は、今で言えば、コミュニティデザイナーという、ある意味ではわけのわからぬ肩書きを持つ山崎亮が、日本中の限界集落の復興計画を立てているのと似たようなものであり、決してもうかる事業には思えず、ちょっとあやしげなものに感じられたのではないだろうか。街を活性化するのは、よそ者、馬鹿者、若者だと言われるが、たしかに田園都市株式会社は荏原郡玉川村にとってよそ者であり、一般社会から見れば馬鹿者であり、渋沢秀雄は当時まだ三十四歳の、今で言えば若者だったのだ。

スモックとサンダルの街　レッチワース

実はレッチワースもそうだった。レッチワースへの入居開始は一九〇三年からだが、一九一〇年代の新聞の風刺画を見ると、ロンドンから五〇キロも離れた、おそらく当時はまったくの自然の中にあったレッチワースに住んで、田園都市だなんだと言っている人々は、ちょっと不思議な人だと思われたらしいのである。

たとえば、一九一四年までに、レッチワースは「スモックとサンダル」の街として有名になっ

出所：Miller,Marvin "Letchworth The First Garden City" 2nd edition,Phillimore,2002

ていた。つまりシンプルライフを実践したい人々の街ということであり、スモックを着て、サンダルを履いて暮らしている人が多いと言われていたのだ。サンダルメーカーのジョージ・アダムズはレッチワースに引っ越してきたほどである。またスモックは、一九世紀の自由思想と結びついていて、一部の人々に流行したものであり、プレーンで倫理的な暮らしを表すものだった。逆に、帽子や手袋は、おそらく伝統的で形式主義的なものとして、レッチワースでは好まれなかった。実際にスモックを着た人は少数だったが、新聞などでは誇張して紹介され、レッチワースの人々はみなスモックとサンダルで暮らしているかのようなイメージが広がったらしい。

菜食主義者がレッチワースのレイズアベ

ニューにつくった「シンプルライフホテル」には食生活改革レストランと健康食品店があったし、菜食主義者の集会は一九三〇年代以降定期的に開催されるようになっていた。戸外での生活も人気になり、戸外で昼寝をするためにポーチを付ける家もあった。これも誇張されていると思うが、当時の風刺画を見ると、小さな子どもを素っ裸で連れ歩く母親、「土に帰れ」主義者、有機肥料を耕す無精ひげの男、「大地の母」の人形に向かって朗読する詩人などが描かれている。

このように世界最初の田園都市レッチワースも、当初は人々から怪訝な目で見られていたのである。いつの時代でも、その当時の常識からはずれた、ちょっと変わった人が新しい実験を始める。田園都市も例外ではないのだ。

あきれてものがいえない

話を戻そう。渋沢秀雄は、どんな田園都市をつくろうと思ったのか。秀雄は、早速欧米住宅地視察に赴き、まずはレッチワースを訪ねたのが一九一九年（大正八年）のことである。ところが秀雄はレッチワースが気に入らなかった。行った季節が冬だったからであろう。レッチワースは、まだ完成しておらず、家も少なく、人影もまばらだった。空き地は枯れ草に覆われ、淋しくてとても住む気になれなかったと秀雄は回顧している（藤森、一九八七）。スモックとサ

1906 年頃のレッチワース（Miller,2002）

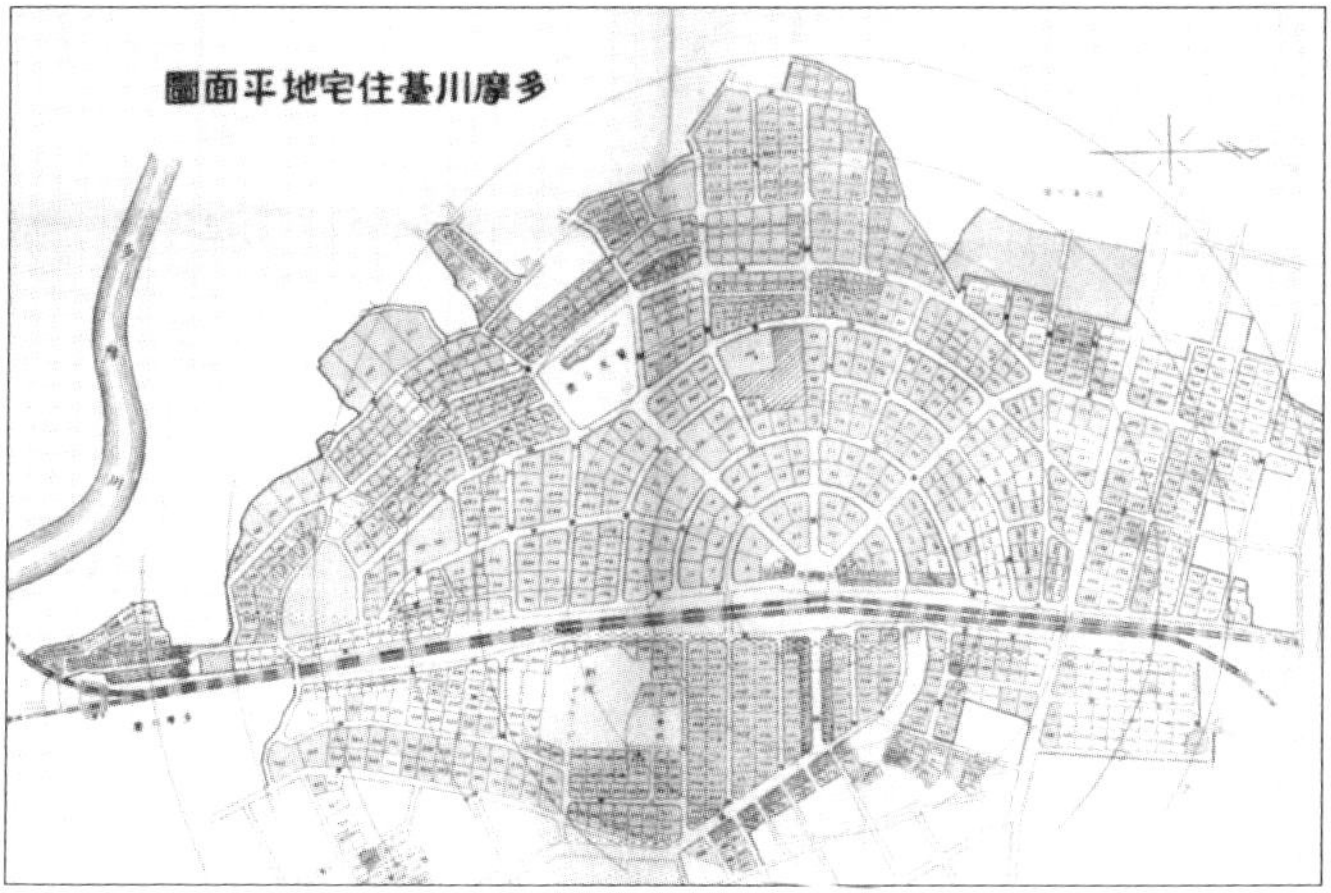

田園調布平面図

開発前の田園調布　出所：『東京急行50年史』（東京急行電鉄株式会社発行、1973年）より

ンダルの人々と会ったかどうかは知らない。

念のために言うと、そもそもレッチワースの開発はまだ完成していないとすら言われている。これは私がレッチワースに視察に行った二〇〇四年の段階でそうであった。計画人口は三万人だったが、実際にレッチワースの人口が三万人を達成するのは二〇〇〇年ごろだったらしい。百年かけてゆっくりと開発されてきたのだから、一九一九年の段階では、まだまだ淋しくて当然だった。

そこでさらに秀雄は海を渡り、セント・フランシスウッドを訪ねたところ、これが気に入り、ここをモデルとして田園都市を設計させた。「土地の多少の起伏があって、樹木や草花も多かった」。しかも、その中心には、パリの凱旋門にあるようなエトワール（環状線と放射線が交差しているもの）があった。秀雄は、田園的な風景とパリ的な都市性を融合しようとしたのであろうか。田園調布でも駅からの放射道路と環状道路が交差するエトワールをつくろうと考えた。

こうして帰国後、秀雄は実際のプランを立てる。「大学を出て間もなかった私にとって、文化的な住宅地をひらくという仕事は魅力があった。そして、諸外国から集めてきた住宅地の平面図や写真を参考資料として、建築家の矢部金太郎氏に引いて貰ったプランの成果が、現在の田園調布界隈に跨がる住宅街である」（東京急行、一九七三）。

しかし、こうして理想に燃えた田園調布の設計図を見た小林一三は「あきれてものがいえない」と頭を抱えた。小林は、田園都市株式会社が荏原電気鉄道を創設したとき、社長の矢野恒太が、阪急沿線の開発ですでに名をなしていた小林に相談したという関係であった。図面を見た小林は、放射状の街路にすると、変形した敷地が増えるから土地が売りにくくなるし、また道路に多く土地の面積を取られるので、そもそも売る土地が少なくなり、利益が減ってしまうと、あきれたのである。道路や広場、公園などの占める割合は、当時は五％が普通だったが、田園調布では一八％もあった（豊田薫、一九九四）。しかし、こうしたのびのびとした計画がなかったら、田園調布が今もなお高級さを感じさせる住宅地として生き延びることはできなかったであろう。

こうして一九二三年（大正一二年）八月、田園調布は最初の住宅を分譲開始する。そして折しも九月一日、関東大震災が起こる。一ヶ月後の一〇月二日、田園都市株式会社は広告を打っている。「今回の激震は田園都市の安全地帯たる事を証明しました。巨費を投じた耐震耐火工事も天然の地盤自然の広場には及びもつきません。当地区は幸い此の天賦を保有しています。都会の中心から田園都市へ！　それは非常口のない活動写真館から広々とした大公園へ移動する事です。総ての基本である安住の地を定めるのは今です。是非現状をご一覧ください。」（庄司、二〇〇八）。

二〇一一年の東関東大震災でも、東京から千葉にかけての湾岸地域などの低地においては液状化が発生し、それらの地域の人口を減少させている。東京都内でも葛飾区、江戸川区の人口は二〇一一年一月一日から一二年一月一日までの一年間で合計一二五二人減少し、逆に世田谷区は四七〇三人増加している。今も昔も、震災が人々を高台に駆り立てるのである。

バブル時代の痛手

田園調布は一九八〇年代後半のバブル時代に打撃を受けた。私が奥沢に住んで、たまに田園調布に散歩に行っていた頃は田園調布が最も荒れた雰囲気になっていた時代であろう。その荒廃を象徴するのが、土地の価格が暴騰し、相続税も暴騰したため、八四年に亡くなっていた渋沢秀雄の家の土地が、相続のために分割されるというニュースだった。八六年に一坪五二八万円だった田園調布二丁目の公示地価は、八七年には一〇三四万円に倍増し、さらに八八年にはまた五割増加したのである。田園調布をつくった人の子孫が土地を分割して、田園調布らしか

相続税に食われる田園調布

土地手放し次々転居

億を超す額 払えぬ住民　空き地が点々と

高級住宅街のあちこちに、売約済みの更地が目立つ。中には地上げ業者の転がしも ＝東京・田園調布で

とうきょう 大変容

日本の高級住宅街の代名詞的存在で、「田園調布に家が建つ」という漫才のギャグが生まれるなど、ウサギ小屋住まいの庶民のあこがれの的になった東京都大田区田園調布。この高級住宅街が今や、相続税問題の衝撃波に襲われ、家がポロリポロリと消えては更地が生まれ、急変貌（へんぼう）しつつある。巨額の相続税が支払えず、宅地を切り売りする住民。来るべき日に備えて家族はマンションに住み、家賃が月百万円を超す外人向け賃貸住宅づくりに走る世帯……。しかも、相続税支払いのために売却済みの宅地は、地上げ業者の土地転がしでさらに価格がつり上げられている。住民を直撃するこの悪循環は、地価狂乱・東京の象徴といえそうだ。

「田園調布」の中で、さらに別格なのが三丁目。東横線と目蒲線が接続する田園調布駅の西口、駅を基点に、イチョウ並木が放射状に配され、作家の曽野綾子さんや、元巨人軍監督長島茂雄さんらの邸宅が並ぶ。その一角の食品店の主人がいった。

「昨年の今ごろは、せいぜい坪（三・三平方㍍）三百万円から五百万円だった地価が、今は千五百万円を超すといわれてます。三、四十坪の土地に住んでいたとして、億のつく相続税を支払わなきゃいけないんだ。私たちは、もう住めませんよ」

三丁目を中心にした町内会「田園調布会」（関之会長）は千百世帯、約三千人のうち、約百五十人が八十歳以上の世帯だ。それだけに、相続税問題は深刻。支払いができず、土地を大蔵省に差し押さえられる世帯も出ている。この街の生みの親である渋沢栄一氏の孫にあたる音楽家渋沢一雄氏(七二)の場合もそうだ。

五十九年二月、父親を亡くした渋沢さんは、約七百三十平方㍍の土地を相続した。が、億を超える相続税がかかり、昨年七月、二階建ての賃貸マンションを建てていた約三百十平方㍍を手放した。売値は三・三平方㍍当たり約八百万円。知人の紹介を受けた都内の不動産業者に売った。その後、この一年間で、地価はほぼ倍増。売られた土地は、渋沢さん宅前に、更地になったままぽっかり、広がっている。

田園調布3丁目の北部地区（■部分）

似たような空き地は、渋沢さん宅の周囲に、点在する。「祖父と父が愛情を傾けた土地が、どんどんすさんでいくようで、なんとも嘆かわしい」。渋沢さんは力なく語る。こんな状況に、田園調布会では、署名集めをしたうえで、最近の「異常な地価高騰」に基づいて固定資産税や相続税を算出しないよう求める請願を国会に出すなどの「行動」を起こしてもいる。

一方、外人向けの高級賃貸住宅は、田園調布一帯で今年だけでも七、八戸が建った。「ご家族は多摩川を越えて、川崎の方にお住まいのようですよ。家賃百七、八十万円で、外人のビジネスマンが借りるんです」と地元の主婦。賃貸住宅建設のローンは、相続税の控除対象になる。つまり、高級賃貸住宅は、家賃収入による蓄えとともに、万一の場合に備えた節税対策が狙いで、働きざかりの三、四十代の世帯では今後、さらに増えそうだ。

「土地転がし」は、半年余の間に三回も転がされるといった例も。四丁目のある宅地（五百平方㍍）の場合で、住んでいた住民が六十年十一月に目黒の不動産会社に売却後、六十一年二月、多摩地区の建設会社、同四月に中野の不動産業者、同六月に千代田区の地上げ業者と転がされていた。

三丁目の宅地（約三百平方㍍）は、持ち主から九億円で港区内の不動産業者に売却された後、今年八月、土地売買に絡んで専門的にニセ領収書を発行し、東京国税局に摘発された「B勘屋事件」に関与した地上げ業者に転売された。住民が立ち退いた後には、都心の地上げで「ぬれ手にアワ」のもうけをした業者らが、移り住んでいるわけだ。

バブル時代に拡大した
田園調布の土地問題
（朝日新聞 1987 年 9 月 12 日）

らぬ小さな土地に住まなくてはならないとは、何とも不条理だなと私は思った。バブル景気であぶく銭を得て、田園調布に家を求めた者の中には、「町会にも入らず、入ってもなかなかコミュニティに協力しない住民が増え」、「住民同士のつながりも次第に稀薄になりつつある」と一九九二年の雑誌『財界展望』は書いている（田園調布会、二〇〇〇）。田園調布ももうおしまいかなと思われた時代であった。

その後私は吉祥寺に引っ越し、以来四半世紀ほど中央線をうろうろしている。吉祥寺や高円寺や阿佐ヶ谷の本を出したりしたので、すっかり中央線の呪いにかかった一人と思われているが、そうでもない。やはり、久しぶりに田園調布を歩くと、その素晴らしさに胸打たれる。

とはいえ、その風景は四半世紀前とはかなり異なる。四半世紀前にはまだ、庭は生け垣が多く、秋には落ち葉焚きをしている人すらいた。どこからか、ポーンというテニスの音が聞こえてくることもあった。しかし今は、開発当初のままの古い家は数えるほどしかない。新しい家は敷地一杯に建ち、窓も少なく、道に面して要塞のように壁が立ちはだかる。昔と比べると風情がない。が、庭木をここまで見事に手入れするだけでも、住民たちの街並みへの思いには並々ならぬものがあると思わされることもたしかである。

田園調布駅東口商店街

商店街もある

さて、田園調布というと、当然ながら住宅地に目がいくのだが、田園調布の開発においては、駅の反対側（東側）の商店街も同時に計画されていたというところが他の住宅地とは異なる。そもそもは西側の住宅地内にも商店を配置する計画もあったが、住宅と商店を分離するために、商店はあくまで東側につくられた。これが田園調布の整然とした街並みを可能にしたのである。

逆に言えば、東側の商店街は、ここが高級住宅地だということを忘れさせるほど庶民的である。私も最初はこの商店街が、田園調布の計画の中でつくられたとは思わなかった。少しは静かな感じがするが、まあ、普通の商店街である。
商店街の入り口のすぐ右手に、長嶋茂雄一家も愛用しているという焼鳥屋「鳥瑛」がある。田園調布とは思えぬ低価格。しかも、もも焼きを注文するともも一本、手羽焼きを注文すると、手羽先も手羽元も焼いたものが山盛りで出て来る。実に豪快で、なるほどアスリート向き。店内には長嶋茂雄の写真が十数枚。三振をしてグラウンドに手をついてしまう姿、悔しがる顔の写真もある。長嶋は、転んでも、空振りをしても絵になる、稀有なスターだ。
その他、石原慎太郎、鳩山由紀夫、土井たか子、野田聖子といった政治家の写真、鳳蘭らの芸能界のスターの写真も数多く貼られている。その顔ぶれが、なるほどここは田園調布だと教えてくれるのである。

〔田園調布の名店、老舗、名物店〕

鳥瑛（焼き鳥）　大田区田園調布二丁目五〇ー一　長嶋茂雄一家など御用達。

醍醐（寿司）　大田区田園調布三丁目一ー四　田園調布駅売店では大阪寿司の持ち帰りのみ。

パテ屋（手づくりパテ）　世田谷区玉川田園調布二丁目一二ー六　ヨーロッパの保存食品であるパテを日本でつくるのは不自然ではないかという疑問から研究を重ねた独自のパテ。店主の自宅の一部を店舗にしてある。隣には「カフェえんがわ」がある（写真は一四四頁のコラム「古い一軒家を利用したお店」参照）。

中勢以（超高級精肉店）　世田谷区玉川田園調布二丁目八ー一　けやきガーデン内　熟成肉が有名。

参考文献

東京急行電鉄株式会社社史編纂委員会『東京急行電鉄50年史』一九七三
豊田薫『東京の地理再発見 下』地歴社、一九九四
藤森照信『建築探偵の冒険』筑摩書房、一九八六
藤森照信「田園調布誕生記」（山口廣編『郊外住宅地の系譜』鹿島出版会、一九八七、所収）
庄司達也編『郊外住宅と鉄道 コレクション・モダン都市文化36 郊外住宅』ゆまに書房、二〇〇八
社団法人田園調布会『郷土誌田園調布』二〇〇〇
Miller, Marvin "Letchworth The First Garden City" 2nd edition, Phillimore, 2002

第二章　成城
閑静さと自由さと

静かだ……

成城学園の駅に降り立つと不思議な気持ちになる。他の駅とは違う。騒音が聞こえないのだ。もちろん田園調布でも騒音はないが、成城はまた特別静かだ。人の歩く姿さえ静かである。文字通り閑静である。

どうしてかなと思うと、街にパチンコ屋だの携帯電話会社だのがなく、店から大音響が流れ出すことがない。呼び込みの声も聞こえない。駅前で発着するバスの数も少ないようであり、エンジンを吹かす音も聞こえない。吉祥寺などとは大違いである。

一橋大学のある国立駅周辺も文教地区なのでパチンコ屋もキャバレーもないが、成城ほどは静かではないように思う。高級住宅地ではないからか。大学通りをクルマが走っているからか。学生の比率が多すぎるからか。

前章で書いたように、成城は土地の形状がきわめて平坦である。起伏に富んだ田園調布とは対照的だ。男性的な田園調布に対して、成城は女性的であると言える。

田園調布の住人と言えば長嶋茂雄と石原慎太郎がすぐに思い浮かぶが、その他には、やはり会社経営者、一流企業役員などが多いのではないだろうか。それに対して成城は、故・大岡昇平、故・野上弥生子から、大江健三郎といった小説家、文学者のイメージが強い。また芸術家も多い。画家の故・高山辰雄、横尾忠則、作曲家の故・芥川也寸志、チェリスト・堤剛、ヴァイオリニスト・海野義男といった名前を並べるだけで、いやあ、成城はすごいなあと思う。それから、音楽評論家の故・吉田秀和は成城学園の出身だ。そういえば、堤剛、海野義男、それから中村紘子によるチャイコフスキーの名曲「偉大な芸術家の思い出」は、高校時代から私の愛聴盤だ。百五十回は聴いたな。

調布の日活や砧の東映の撮影所に近いこともあり、映画監督、俳優も多い。故人だが、石原裕次郎、三船敏郎、黒澤明、滝沢修、森繁久彌、現役では山田洋次（ちなみに映画監督とスター俳優は成城に住み、裏方のスタッフは隣の祖師ヶ谷大蔵駅周辺に住んだらしい）。

こうして見ると、やはり田園調布は政治、経済、スポーツ関係者が多く、成城は文化関係者が多いように思われる。近代日本産業界の創始者とも言える渋沢栄一の人生最後の事業が田園調布なのだから、経済界の人々が多く住むのは当然であろう。また、政治、経済、スポーツを仕事とする人は動的であり、文化を好む人は静的である、と言えるだろうから、そういう意味では、静けさを好む人が成城にはより多いと言えるのではないだろうか。

街路も、田園調布はパリの凱旋門広場を模した放射状と環状の道路網、駅はドイツ風と、まあ、大向こうをうならせるというか、押し出しが強い。セールスポイントがはっきりしている。

長谷川公之	シナリオ／美術評論
普川茂保	日本信託銀行社長／元三菱銀行常務
福田繁	国立科学博物館長／元文部事務次官
藤野忠次郎	三菱商事会長
本間康平	社会学／立大教授
町田直	日本航空専務／元運輸事務次官
松木謙治郎	野球解説／元プロ野球阪神球団監督
三浦朱門	小説／元日大教授
村田宗忠	公社債引受協会会長／野村証券副会長
山本登	世界経済論／経博／創価大教授／慶大名誉教授
米沢滋	科学技術会議議員／元電電公社総裁
宮本陽吉	アメリカ文学／東京工大教授

成城

芥川也寸志	作曲
荒川幾男	東京経済大教授
井口愛子	東京音大教授
井口秋子	東京芸大名誉教授／洗足学園大教授
井上究一郎	フランス文学／東大名誉教授
伊藤寿一	舞台・映画美術／日大明大講師
稲垣浩	映画監督
上田三男	日商岩井社長
瓜生幸子	ピアノ
海野義雄	バイオリン／東京芸大教授
小川芳男	東京外語大名誉教授／同元学長
大江健三郎	小説
大岡昇平	小説
大久保利謙	国会図書館調査員／元明大，立大各教授
大熊文子	声楽／二期会理事／桐朋学園講師
大堀弘	共同石油社長／元経済企画庁事務次官
大町陽一郎	音楽指揮／東京芸大助教授
長部日出雄	小説

田園調布

有馬稲子	俳優
五十嵐喜芳	声楽
伊藤淳二	鐘紡社長
猪熊弦一郎	洋画
石川達三	小説
石坂洋次郎	小説
上野一郎	産業能率大理事長／同短大学長
牛尾治朗	ウシオ電機会長
氏家寿子	日本女子大名誉教授
小川義男	住友軽金属工業社長
小副川十郎	日本水産社長
大沢昌助	洋画／二科会理事
桶谷繁雄	金属結晶学／工博／東京工大名誉教授
賀来龍三郎	キヤノン社長
梶浦英夫	日銀政策委員
清浦雷作	東京工大名誉教授
佐野圭司	脳神経外科学／東大教授
渋沢秀雄	元東宝会長
鈴木斐雄	三菱軽金属工業社長
鈴木進	美術評論
関四郎	明電舎会長／日本鉄道技術協会会長
曽野綾子	小説
相馬勝夫	専修大総長／日本私立大学連盟常務理事
田賀井秀夫	東京工大名誉教授／三菱鉱業セメント技術顧問
高峰三枝子	俳優
武田孟	明大名誉教授／日本学生野球協会会長
谷康子	ピアノ／東京芸大教授
外山敏夫	慶大教授／国際医学情報センター常務理事
富永五郎	真空工学／表面物理学／理博／東大教授
中根英郎	日動火災会場保険社長
長野泰一	北里大客員教授

野上茂吉郎	物理学 / 理博 / 法大教授
野上弥生子	小説 / 芸術院会員 / 文化勲章授章
野上燿三	原子核物理学 / 理博 / 明星大教授 / 元東大教授
花輪莞爾	フランス文学 / 小説 / 国学院大教授
稗田一穂	日本画 / 挿画会会員 / 東京芸大教授
深田祐介	小説 / 日本航空広報室次長兼営業本部次長
福見秀雄	国立予防衛生研究所長
舟橋正夫	古河電機工業社長
別宮貞雄	作曲 / 中大教授
北条元一	評論 / 日本福祉大教授
本多猪四郎	映画監督
真島健	海上保安庁長官 / 元運輸省海運局長
三浦勒郎	ドイツ語 / 日本工大学長 / 東京学芸大学名誉教授
三原脩	元巨人, 西鉄, 大洋, ヤクルト各球団監督
三船敏郎	映画俳優
三芳悌吉	洋画家
三輪福松	東京工芸大教授 / 元東京学芸大教授
水上勉	小説家
南大路一	洋画家
向井良吉	彫刻家
室井摩耶子	ピアノ / 著述
八住利雄	シナリオ
山田爵	フランス文学 / 東大教授
山田洋次	映画監督
横尾忠則	イラスト
横田正俊	元最高裁長官
横溝正史	小説家
和田夏十	シナリオ
渡辺高之助	東京芸大教授

加藤一郎	民法学・法博 / 東大教授 / 元東大総長
金沢桂子	ピアノ / 東京芸大, 桐朋学園大各講師
神田信夫	東洋史 / 明大教授 / 学士院賞受賞
川上宗薫	小説
黒澤明	映画監督 / シナリオ / 文化功労者
児島襄	評論 / 戦史
香原志勢	人類学 / 立大教授
佐々木孝丸	演出 / 劇作 / 俳優 / 日本放送芸能家協会理事長
佐藤智雄	社会学 / 中大教授
斎藤寅次郎	映画監督
斎藤光	アメリカ文学 / 日大教授
三枝佐枝子	評論 / 西武百貨店監査役
柴田喜代子	声楽 / 聖徳学園短大教授
柴田むつむ	声楽 / 東京芸大教授 / 二期会会長
島村福太郎	東京学芸大名誉教授
白坂依志夫	脚本 / シナリオ作家協会理事
宗宮尚行	東大名誉教授 / 学士院会員
高辻正己	最高裁判事 / 元内閣法制局長官
高木八尺	アメリカ政治史 / 法博 / 学士院会員 / 東大名誉教授
高橋浩一郎	気象学 / 理博 / 元筑波大教授 / 気象庁長官
高山辰雄	日本画 / 芸術院会員 / 日展理事 / 文化功労者
滝沢修	新劇俳優 / 劇団民藝代表取締役
谷初蔵	海上防災論 / 工博 / 東京商船大学長
堤剛	チェロ / 桐朋学園大客員教授
戸川エマ	評論 / 文化学院教授
戸田邦雄	作曲 / 洗足学園大教授 / 同音楽学部長
道家達将	科学史 / 東京工大教授
中河与一	小説
中村メイコ	俳優
野上素一	イタリア文学 / 京大名誉教授

表　田園調布、成城の住人たち（五十音順。1980年『朝日年鑑・人名録』をもとに三浦展作成。国会議員は掲載されていない。現在御存命か、今も当地に住まわれているかは不明）

対して成城は、ほぼ碁盤目状の街路、駅もさしたるものではなかった。ガツンと打ち出す田園調布と、物静かで控えめな成城という対比が、造形的にも表れているとは言えまいか。

行きあたりばったり

しかしその成城は、意外なことに、こんな街をつくろうという計画があってできた街ではない。まず成城学園をつくることが目的であり、その資金を得るために土地を売って住宅地をつくってきたのである。だから、開発の主体は成城学園後援会地所部であり、不動産会社でもデベロッパーでもない。

そんなわけで、こうして本を書くために資料をあさっても、田園調布についての資料は、あらゆる住宅地の中でも抜きんでて多いのだが、成城についてはほとんど皆無である。成城についての資料は、あくまで成城学園という学校についての資料がほとんどすべてであって、成城の街づくりについての資料はないのである。唯一まとまっているのは酒井憲一の「成城・玉川学園住宅地」(『郊外住宅地の系譜』所収)のみであるため、本稿も同論文に依拠しながら書き進める。

酒井は、箱根土地株式会社による国立や小平における学園町開発が「玄人的開発」であるのに対して成城の開発を「素人っぽい図画工作的開発」と呼び、「都市計画的考えにまでは至っ

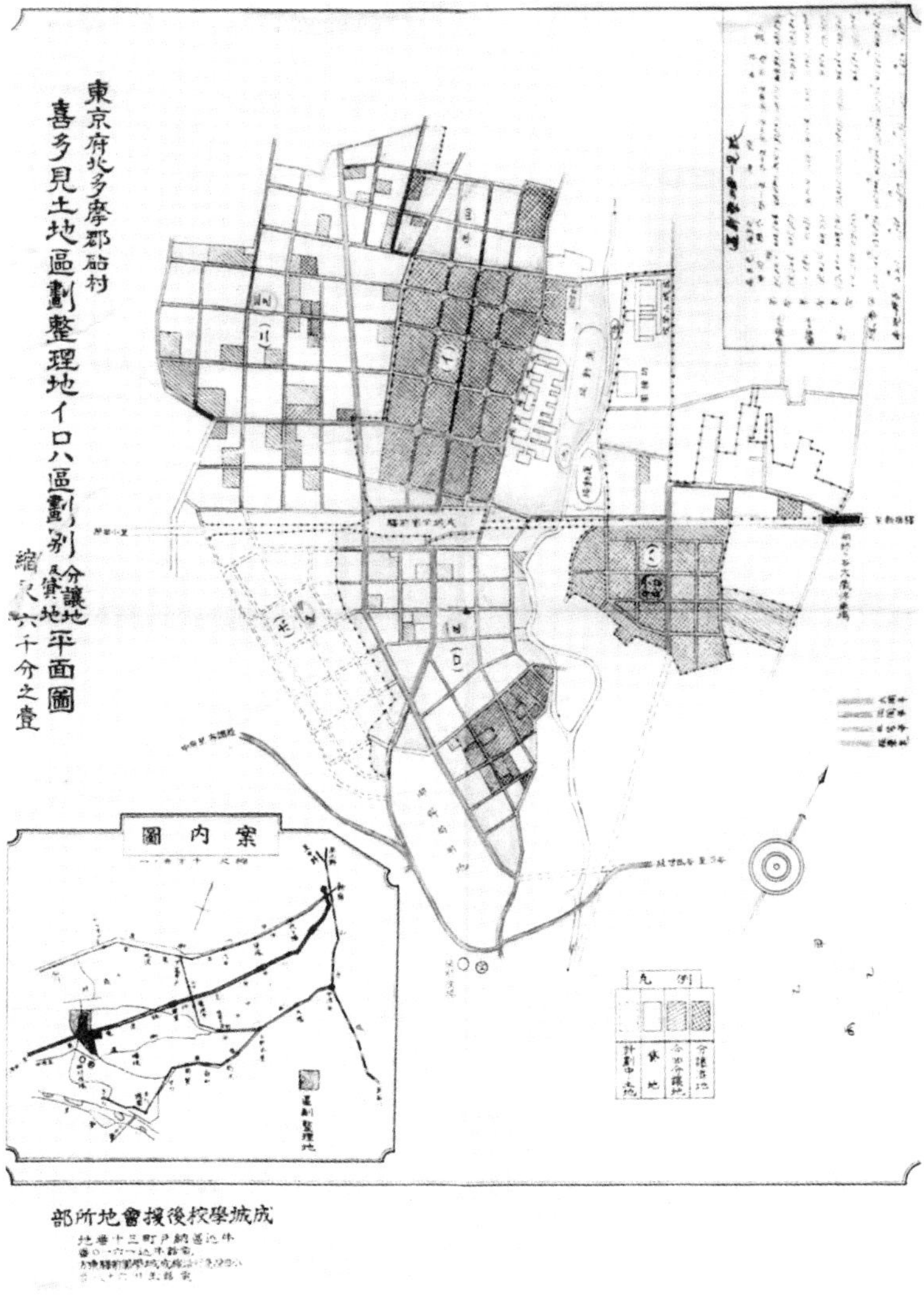
東京府北多摩郡砧村
喜多見土地區劃整理地イロハ區劃別分譲地及貸地平面圖
縮尺六千分之壹
案内圖
凡例
成城學校後援會地所部

成城学園計画図

ていない」と断じている（酒井、一九八七）。

成城学園をつくったのは小原國芳。京都大学哲学科を一九一八年（大正七年）に卒業し、広島高等師範学校附属小学校理事となったが、翌一九年には東京の新宿区になる成城小学校主事に就任した。京都帝国大学総長、貴族院議員、文部次官、帝国教育会長を歴任した、成城小学校校長澤柳政太郎の懇願によるものだったという（同）。

一九二三年（大正一二年）、関東大震災が起こると、小原は校舎を現在の成城に移転。同時に中学校卒業生の受け皿として高等科を新設し、理想の一貫教育を展開するには、郊外に広いキャンパスが必要だという考えもあった。その用地探しのために東京府下で三万坪以上まとまっている土地を調べ、知人のアドバイスを得て、小田急線沿線の現在の地、仙川と野川に挟まれた台地を選んだ（同）。

しかし学園と住宅地の建設を始めてみると、相当深く井戸を掘らないと水が出ない。電気もないのでランプ生活。それでは不便だと学園下を流れる仙川に自家発電所を建設。ガスもメタンガスを自前で供給しようとして失敗している（同）。という具合で、たしかに無計画というか、素人っぽい。まさかこんな素人っぽい開発をしたなんて、今の成城の街並みからは想像できない話である。

住宅地の分譲に際しては、一九二八年（昭和三年）の広告で、本分譲地は「喜多見台と称する高台で、地勢は高燥広潤、東南は緑野遠く開らけ、西方は相武の連山を隔てて富士の霊峰と相対し、玉川の清流にも程近き実に形勝の地であります」と宣伝している（同）。田園調布の宣伝文句とほぼ同じである。

成城の邸宅

明るい戦後のスター

このように、驚くほど場当たり的な開発をした成城であるが、これがなぜ東京を代表する高級住宅地と呼ばれるようになったのか。私はやはり、石原裕次郎、三船敏郎という戦後日本映画界を代表する二大スターが住んでいたからだと思う。大岡昇平が住んでいたから、と言いたいところだが、まあ、一部の文学好きにとってはそうかもしれないが、おそらく一般人にとっては裕次郎であろう。

一歩譲って、もう少し文化的な影響を考えるなら、小澤征爾。成城学園中学、高校の出身で、桐朋学園短大を卒業後、ヨーロッパに武者修行に行き、一九五九年、いきなりブザンソン国際指揮者コンクールで優勝したスター。

それから大江健三郎。生まれは小澤と同じ一九三五年（昭和一〇年）。一九五七年、五月祭賞受賞作「奇妙な仕事」が『東京大学新聞』に掲載、『毎日新聞』で平野謙に激賞されたのを契機として同年『文學界』に「死者の奢り」を発表し、学生作家として鮮烈なデビューをした。

井上ひさしは一九三四年生まれだが（裕次郎も三四年生まれだ！）、小澤と大江こそが自分の同世代の二大スターだったと、たしかどこかに書いていた。二大スターが、成城学園出身、あるいは成城に住んでいるということが、成城のブランドイメージを高めていったと言えるのではないだろうか。

こう書いていて少し驚いたが、たまたま今挙げた四人は一九三四年、三五年生まれだった。おや、と思い、調べてみると（こういうときウィキペディアは本当に便利だ）、横尾忠則は三六年生まれだ。こんな有名人たちがこんなに同世代だなんて。

少しこじつければ、彼らが兵隊に行くには遅すぎた世代であり、それだけに戦後の平和主義や個人の自由を謳歌する精神を持ちやすかった。小説や映画や音楽という表現と結びつきやすかった。それが成城という、一私立学校が素人風に、ある意味とても自由につくりだした街と親和性を持ったとは言えないだろうか。

田園調布では、少し政治、経済、産業に近すぎる。もっと言えば体制に近い。長嶋だって、読売巨人軍だから田園調布が似合うのであって、大毎オリオンズだったら、田園調布に住んだかどうか。もちろん多摩川グランドに走っていけるという地の利もあるが、やはり読売巨人軍というスポーツ界の中心にいたスターだからこそ、田園調布だったのじゃないか。

それに比べると、裕次郎はスターとはいえ不良役だし、横尾忠則はアングラだったし、大江は権力とは遠いところにいる小説家だ。小澤征爾だって音楽アカデミーの中心にいるとは言い難い。そういう自由を求める精神と、成城は親和性が高い。

だから、逆に言えば、もし東大が学園都市をつくっても、成城のようにはならないだろう。いや、実際本郷は東大の学園都市と言っても差し支えないが、裕次郎や横尾忠則や大江健三郎は住みそうもない。成城は、もっと軽いし、さわやかで、自由で、おだやかな空気の流れる街である。

朝日住宅展覧会

前出の酒井によれば、郊外住宅地としての成城の名を世に知らしめたイベントが、朝日新聞社による「朝日住宅展覧会」だったという。

これは一九二九年（昭和四年）に成城で開催されたもので、朝日新聞社が新しい住宅設計案を二月から募集した。四月には募集を締め切り、応募作品五百案から十六作品を選び、その設計案を掲載した『朝日住宅図案集』を七月に刊行。十月には入賞した十六の作品を実際に成城にモデルハウスとして竹中工務店が施工し、内装は三越、松屋、松坂屋が担当した。そして十月二十五日から一ヶ月間展覧会を開き、分譲し、モデルハウスを購入した者は、そのままそこに住んだのだった。施工された住宅は、翌一九三〇年（昭和五年）三月に『朝日住宅写真集』としてまた刊行されている。

展覧会には五万人が来場し、大きな話題を呼んだようである。場所は、現在の成城学園駅北口を出てすぐ左に進み、三～四百メートル進んだあたりである。

朝日新聞社がなぜ成城を選んだか。『朝日住宅写真集』には、以下のように書かれている。「郊外に住宅を構えるにあたって、第一に考慮すべきことは衛生上の問題である。附近に工場はないか、貧民窟はないか、風上に練兵場や、塵埃の立つような地面はないか、水道はあるか無いか、無ければ井戸の水質と水量は如何。郊外にあっては日光は十分に取ることができるか。」「第二は交通である。電車の便があっても、余り線路に近くては震動と騒音が安眠を妨げる。」「次には道路である。家の前まで自動車が横付けになることは、今日では絶対的条件といってもよい。」「その他郊外住宅地の標準として数えることは限りなくあるが、朝日住宅地の選定は第一に土地が高燥であって、前期の衛生交通条件を完全に具備した上、多摩川畔に位置し眺望のよいことで、櫻井大佐が研究の上にこの地を東京の郊外理想的の地と折紙をつけ、自らここに住むことになった事は何より雄弁な証明である。」

櫻井大佐とは、朝日住宅の三号棟に住むことになった櫻井忠温《ただよし》のことである。櫻井は日露戦争に出征。旅順攻囲戦で体に八発の弾丸と無数の刀傷を受け、右手首を吹き飛ばされる重傷を負ったが、余りの重傷に死体と間違われ、火葬場に運ばれる途中で生きていることを確認されたという逸話の持ち主。療養中に執筆した実戦記録『肉弾』を刊行、戦記文学の先駆けとして大ベストセラーとなった。一九二四年（大正一三年）からは陸軍省新聞班長を務めている。彼は『朝日住宅写真集』にこう書いている。

「先ず東京郊外でどこが一番健康地かということを考えました。それで、ある専門家について研究すると、東京付近の風向は一年に平均して、西南の風が多いのだそうで、ほこりと悪ガスを東京の東北に吹きつけるから、その方面は健康地だとはいえないということです。」

こうした文章を読むと、近代化の過程における衛生思想、健康思想の普及が、東京の西と東の「差別」を拡大したと考えることもできそうである。江戸時代は隅田川の東側にも武士は住んだし、森鷗外だって北千住に住んで、人力車で半蔵門まで通勤していたという。上流階級だから西側の高台に住むとは限らなかった。それが次第に、できるなら健康のため、衛生上の理由でに西郊に住みたいと思うようになった、ということではないだろうか。

また、下町も江戸時代までは日本橋、京橋、神田、浅草あたりに集中しており、隅田川を越えれば基本的には、葦の生い茂る湿地帯、あるいは田園地帯が広がっていた。それが明治以降、人口が増え、産業が拡大すると、隅田川を越えて下町が広がり、工場も増えた。美しい自然のあった地域が工場地帯に変わっていき、中流階級が住むには適さないと思われるようになったのであろう（このあたりのことについては拙著『スカイツリー東京下町散歩』参照）。

しかし、朝日新聞社が住宅地をつくるにあたって、高燥で健康的というだけなら、他にも適地があったと思われる。田園調布付近でも、山王でもよかったであろう。酒井は、当時朝日新聞の論説委員か顧問かをしており、一九二六年（昭和二年）から成城に住んでいた民俗学者の柳田国男が成城を薦めたのではないかと推測している。

そもそも朝日新聞社は、住宅博覧会以前から郊外に強い関心があったと思わせる記事もある。関東大震災の二年後の一九二五年（大正一四年）一一月十三日に「絶好の住宅地は玉川電車各沿線」という見出しで記事型の広告を載せているのだ（下の図版）。

「東京は西に広がる、これは現在眼の前の事実である。従ってこの方向には諸種の交通機関も比較的早くから開け、発達しているが、この点に最も多く利用されているものは玉川電車である。渋谷以西、玉河《ママ》畔に至る一帯の地が近年特に住宅地として注目され、ここに流れ込む郊外生活讃美者の数は日に月に多くなるばかりである。この異常の発展的傾向は今後も尚続けられることに違いないが、何故にかくもこの沿線に住宅を求める者が多いかというに、終点玉川双子《ママ》あたり風光絶佳にして四時《しじ》の遊覧に適し、又健康によいという自然

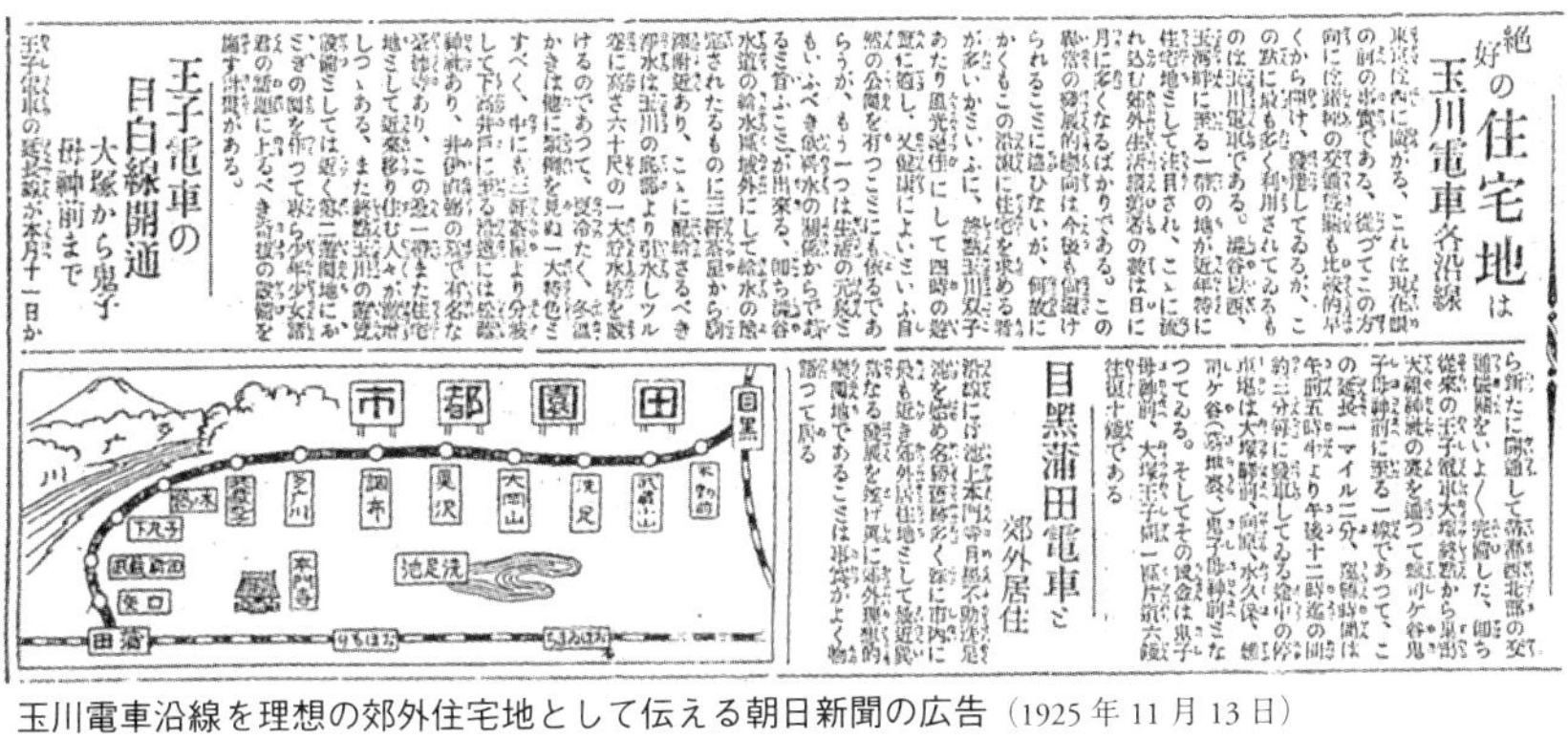

玉川電車沿線を理想の郊外住宅地として伝える朝日新聞の広告（1925年11月13日）

の公園を有《も》つことにもよるのであろうが、もう一つは生活の元泉《ママ》ともいうべき飲料水の関係からであると言うことが出来る、即ち渋谷水道の給水区域外にして給水の予定されたるものに三軒茶屋から駒沢付近あり、ここに配給さるべき浄水は玉川の底部より引水しツル《ママ》巻に高さ六十尺の一大貯水塔を設けるのであって、夏冷たく、冬温かきは他に類例を見ぬ一大特色とすべく、中にも三軒茶屋より分岐して下高井戸に至る沿道には松陰神社あり、井伊直弼《いいなおすけ》の墓で有名な豪徳寺あり、この辺一帯また住宅地として近来移り住む人々が激増しつつある。また終点玉川の遊覧設備としては近く第二遊園地に、おとぎの園を作って専《もっぱ》ら少年少女諸君の話題に上るべき奇抜の設備を施す計画がある。」

その広告のすぐ下段には「目黒蒲田電車と郊外居住」という見出しで「沿線には池上本門寺目黒不動洗足池を始め名勝旧跡多く殊に市内に最も近き郊外居住地として最近異常なる発展を遂げ真に郊外理想的楽園地であることは事実がよく物語って居る。」と書いている。

生活の改善

ではなぜ朝日新聞社がそもそも住宅展覧会を開催しようと思ったか。大正から昭和初期にかけては、デベロッパーが郊外住宅地において住宅博覧会を盛んに開催していた。箕面有馬《みのおありま》鉄道が一九一三年（大正二年）に企画した「家庭博覧会」が最も初期のものであるが、住宅博覧会が盛んになるのは田園都市の必要性が叫ばれた一九二二年以降のことであり、昭和期に入ると博覧会という手法は郊外住宅地販売の常套手段になったという（藤谷、二〇一二）。一九二二年に田園都市の必要性が叫ばれたのは、上野公園、不忍池のほとりで開催された「平和記念東京博覧会『文化村』」においてであり、会場には十四棟の小住宅が展示され、イス座の導入と家族本位の住宅の必要性が訴えられたという（同）。朝日住宅博覧会もこうした流れの中で開催されたものである。

『朝日住宅図案集』の「序」にはこう書かれている。

「生活の改善と一口にいっても、これを衣食住に分けて見ると」「住宅の改善に至ってはどんなに早くても二、三十年を要する」。「文化生活は先づ生活の根拠地である住宅に発」するはずなのに、実際は「衣と食とが急速なテンポを以て近代化しているのに対して」、住宅は遅れており、「依然徳川時代の遺風」を残している。「しかしながら、この不便と不調和は長く国民――殊に都会人――の堪え得るところではない。厳冬の候、室内温度春の如きオフィース・ビルディングに事務を執る大多数の文化市民は、自らの住宅に帰って、これも徳川時代の遺物である火鉢をかかへて寒さに震えているのである。」

火鉢を徳川時代の遺風と呼ぶのは、まあ、朝日らしいというか、新聞らしいというか、大げさな、浮ついた表現だが、それはともかく、要するに、言いたいことは今の世の中と変わらない。ブランド物の洋服を着て、食べ物は飽食の時代だというのに、家はウサギ小屋ですきま風が吹いているほどだから、どうにかしたいというのである。

さらにまた「在来の日本住宅は我国に芽生えた建築であり、永く我等の風俗習慣になじみ、その風土気候に適合するやう発達して来たものである」。とはいえ「純日本住宅の生活も不便が多い」。そこで朝日新聞社としては、「昭和新時代の新様式を見出さんと」した。入選作の図案を「大正大震災前後に流行した所謂《いわゆる》文化住宅に比すると、全く面目を一新し、現代生活の表現として渾然《こんぜん》たる調和を示し、昭和の一形式を創造したものといへることは主催者の満足するところである」と勇ましい。

こうした和洋折衷志向は、先述した東京平和記念博覧会「文化村」への反省ではなかったかと藤谷は書いている（前掲論文）。「文化村」は「建築学会が生活改善同盟会の考えを取り入れて始めた住宅博覧会であり」、同会が「主体となって推し進めていた椅子式生活を中心とした家族本位の住宅」だった。しかし「洋式になると従来の家具は皆無駄になる」「せせこましい。我々の経済生活とはまだ距離がある」といった批判があったという。そういう行きすぎた洋風化住宅を文化住宅と名乗ることへの反省が朝日住宅にはあったようなのである。

毒舌でならしたジャーナリスト大宅壮一も、一九二九年、文化住宅を批判した文章を書いている。「東京の郊外を歩くと、いたるところに、型にはめてつくったような和洋折衷の半バラックが並んでいる。〈中略〉その多くは、和洋折衷というよりも、三室ばかりの日本家屋に、赤がわらの四畳半もしくは六畳くらいの『洋室』をつぎ足したもので、外から見れば洋服を着てげたをはいたような感じである」（大宅壮一「サラリーマンの生活と思想」／大竹、二〇一二）。私は洋服を着て下駄をはいたような昔の住宅デザインが好きなのだが、たしかに当時はずいぶんおかしなデザインに見えたとしても不思議ではない。こういう背景から、形骸化した文化住宅ではない、新しい住宅が必要であると朝日新聞社は考えたようである。

和風住宅の良い所

審査員の一人、建築士・堀越三郎も「和風住宅の良い所」という一文を寄せている。「所謂文化住宅というものが、簡易生活とか、能率増進とか言う実用一点張りのものの様に誤解され易い為めに、趣味とか、安息とか言う精神的の方面に欠けて居ると批難を受ける場合が多い様です。」「文化住宅がややもすれば欧風謳歌に陥り易い誤りを正したい」。「和風住宅の良い点を挙げて見たい」。「洋服を着て洋館の中で仕事をすることは便利で文化的ですが、文化生活とは洋装をして洋館に住むものと思うのは早計です。仕事をする、働く、作業をするということは生活の一部に過ぎません。住宅は人の全生活を包容するのですから、仕事をすることに適するものばかりを採用したのでは、決して住み良い家にはなりません」。つまり、仕事は能率的に行う必要があるから洋風でいいが、家で休むときは和風のほうがくつろげると言いたいのである。堀越は寝室を例に取り、ベッドのデメリットを指摘している。

ベッドは「人数がきまって融通がきかない」「片付けられない」「床から高くなって居るため天井を少し高くする必要が起こる」「床面とベッドの上とを二重に掃除しなければならない」「蚊帳を釣るのに困る。ベッドのしたの蚊を追い出すのに困る」「衛生上から見てもベッドの藁布団は畳と大差ない」「身体の重い部分が垂れ下がるため身体の休息に悪い」「枕元に物を置くのに不自由である」。なかなか笑えます。私も布団派だが、枕元どころか、布団のまわり中に、本とか鉛筆とか、照明器具とかCDプレイヤーとか、焼酎とか水とか、手ぬぐいとかかゆみ止め軟膏とか、いろいろな物を置いて寝る。これじゃあベッドには置ききれない。

そんなことはともかく、このいささか滑稽な一文に象徴されるように、朝日住宅は、単なる洋風住宅ではなく、それを日本的な暮らしに適合させた、新しい住宅を模索していたのである。朝日新聞社の社会部部長・鈴木文四郎も「一般の日本人のサラリーマン階級には、和式六七分に洋式三四分位の折衷が適しているのではないでしょうか」と書いている。

ただし、実際の住宅はすべてが和洋折衷というわけではなく、住宅のデザインは多彩であり、

配景圖

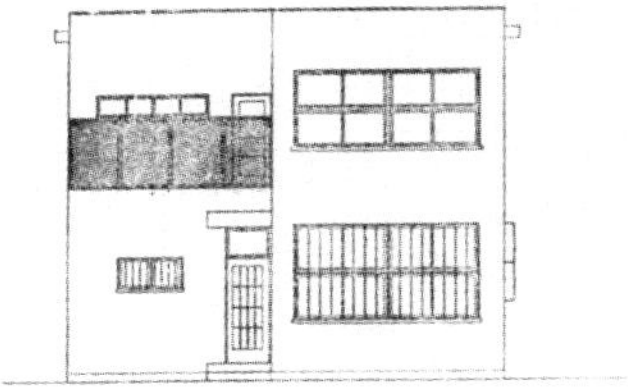

南立面圖

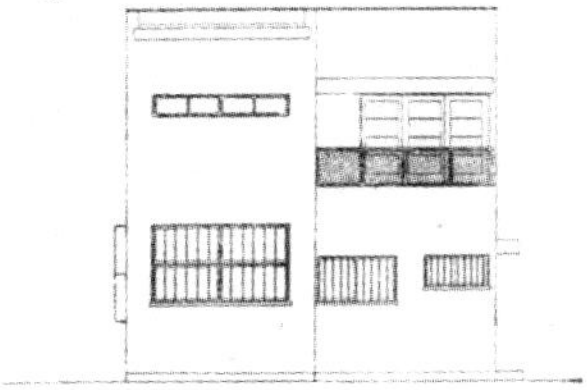

東立面圖

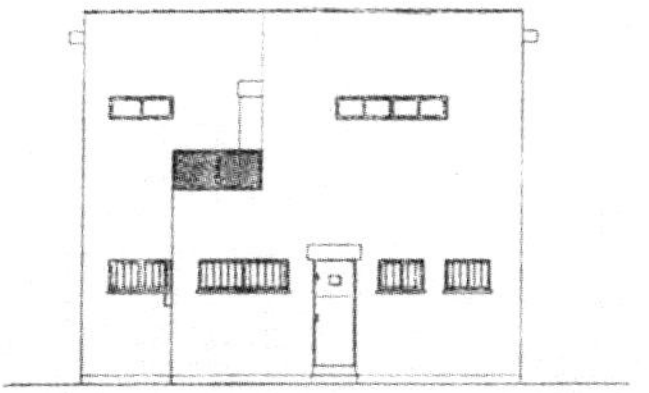

北立面圖

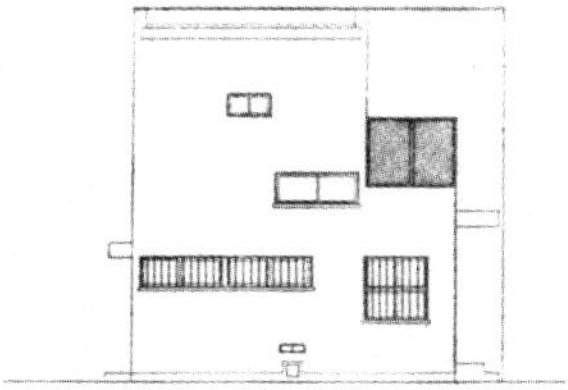

西立面圖

土浦信による設計図
出所：朝日新聞社『朝日住宅図案集』1929

鉄筋コンクリート造も建築されていた。中でも目を引くのは七号館。建築家・土浦亀城の妻、土浦信《のぶ》による設計であり、コルビュジエ風の白い四角い住宅である。土浦夫妻の自邸も白い四角い住宅で、一九三五年に白金に建てられているから、その原型と言ってもよいのかも知れない。ちなみに、土浦信は吉野作造の長女として、一九〇〇年本郷に生まれた。東京女子高等師範学校附属女学校とアテネ・フランセで学び、二二年に土浦亀城と結婚。翌年亀城とともに渡米し、フランク・ロイド・ライトのもとで建築を学んだ（第五章参照）。ライトの日本美術コレクションの整理なども手伝い、帰国後は、日本初の女性建築家として昭和初期の日本の住宅改良に貢献したという才媛である。

このように単に和洋折衷だけではなく、合理的なモダニズム住宅が日本に初登場したのが朝日住宅博覧会であったと言えるようである（藤谷）。なお、この朝日住宅十六棟はすべて今はない。

大邸宅と自然

今成城にある家は、すでにほとんどが文化住宅でもなければ、和洋折衷でもない、完全な洋風も少ないし、典型的なモダニズムも少ない。もちろん家の中がどうなっているかはわからない。一軒だけ、中が見られる家がある。旧・猪股邸である。これは、戦前財団法人労務行政研究究

猪熊邸

所の理事長を務めた故・猪股猛夫妻が老後を過ごすためにつくったものであり、設計は吉田五十八《いそや》。竣工は一九六七年（昭和四二年）だから、そう古くはないが、成城の高級住宅を垣間見る貴重な機会を提供してくれる。猪股の長男の意向により、一九九六年（平成八年）、財団法人せたがやトラスト協会と保全協定地契約を結び、九八年に世田谷区に寄贈された。建物は木造平屋建てであり、建築様式は武家屋敷風の数寄屋造、敷地面積四〇〇坪、延べ床面積一三〇坪、二つの茶室を有する。

また、開発当初を偲ばせる自然もある。朝日住宅のあったあたりをさらに西に進むと、成城みつ池緑地がある。

駅前らしからぬ静かな駅周辺には地元住

民が長年愛好してきた老舗商店がある。成城石井はすでに別資本に経営が移ったが、何と言っても成城の顔。宮崎屋球三郎商店は創業一九二七年。店内には昔の駅周辺の模型がある。和菓子の「あんや」、洋菓子の「成城アルプス」、パンの「成城パン」、肉と総菜の「川上精肉店」、とんかつの「椿」は絶対に行きたい。

私は夏の暑い日に手作りつぶあんと宇治抹茶を使った「宇治金時」をいただいた。これは普通のかき氷じゃない。口に入れても氷がじゃりじゃりしない。入れた瞬間淡雪のように溶ける。こんな上品なかき氷、食べたことがない。

あんや

とんかつ「椿」は民芸調の店内で、さくっとしたとんかつを出す。さらっと溶けるかき氷に、さくっとしたとんかつ。なぜかとても繊細で、いかにも成城風。

〔成城の名店、老舗、名物店〕

あんや（和菓子）　世田谷区成城六丁目五—二七

成城アルプス（洋菓子）　世田谷区成城六丁目八—一　第二太田ビル

成城パン（パン）　世田谷区成城六丁目一四−五
川上精肉店（肉と総菜）　世田谷区成城六丁目一二−八　川上ビル
椿（とんかつ）　世田谷区成城五丁目一五−三
宮崎屋球三郎商店（酒屋）　世田谷区成城六丁目九−一　五和ビル
☎〇三−三四八三−一一一四

参考文献

酒井憲一「成城・玉川学園住宅地」（『郊外住宅地の系譜』鹿島出版会、一九八七、所収）
世田谷文学館、世田谷美術館『都市から郊外へ――一九三〇年代の東京』二〇一二
『朝日住宅図案集』朝日新聞社、一九二九
『朝日住宅写真集』朝日新聞社、一九三〇
藤谷陽悦「成城学園前住宅地と『朝日住宅博覧会』」（内田青蔵編『住宅建築文献集成一七巻』柏書房、二〇一一、所収）
大竹嘉彦「郊外住宅地の理想――田園調布と成城を中心に」（『都市から郊外へ――一九三〇年代の東京』世田谷文学館、二〇一二、所収）

宮崎屋球三郎商店に飾られた昔の駅の模型

第三章 山王

別荘地から住宅地へ

明治以来の別荘地

大森と言えば、貝塚、そして海苔である。大森には私の伯母がいて、昔は、お中元というと海苔を送ってきた。だから、大森と言えばどうしても海のイメージ。

だが、大森には山もある。そんなことは、東京についていろいろと調べるようになってから初めて知った。その名も山王。いかにも山の上に偉そうな人がいそうな地名だ（実際に大森山王日枝神社に由来する）。ＪＲ大森駅の東は海側の低地、西は高台であり、その標高差は二〇メートル近い。考えてみれば、上野駅の東西もそんな地形である。品川駅だって、もう少し西側に駅があれば、そんな地形だろう。武蔵野段丘の東の端に東京の山の手と下町の境目がある。山王もその境目の町である。

新橋と横浜をつなぐ鉄道は、一八七二年（明治五年）に開通したが、一八七六年（明治九年）には大森駅が開設されている。当初、鉄道はもっと海に近い東海道沿いに敷設される計画だったが、地元漁民から強く反対され、やむを得ず山王台地の東端を縫うように敷設した。これは、ＪＲ中央線（旧・甲武鉄道）についても同様で、当初は甲州街道か青梅街道に沿って敷設する計画だったが、地元住民の反対を受けて、現状の路線になった。当時は蒸気機関車であり、煤煙、騒音が激しく、住民から鉄道は嫌われていたからである（陣内秀信・三浦展編著『中央線がなかったら』NTT出版、二〇一二、参照）。

それでも大森駅が開設されたのは、古くから大森の名前は知名度が高い、鉄道敷設事業に従事した外国人技師が大森界隈に居住していたため「外人休憩所」の名称で随時列車が停車していた、また、八景坂上には、江戸時代、歌川広重も描いた鎧懸松《よろいかけまつ》もあったほどの景勝地であったため、ここで降りたいという乗客が多かったなどの理由からであると言われている。

今はもう、八景坂上から海を望むことはできないが、かつてはよほどよい景色だったであろ

八景坂

歌川広重「鎧懸松」

小銃射撃場跡のテニスコート

古いが高級なマンションも多い

うと容易に想像できる。

　一八九〇年（明治二三年）までには、乗降客数が年間九万人から十八万人に倍増。一八八九年（明治二二年）には東海道線が全通し、その頃から山王や大森に別荘や住宅を建てる政治家、実業家、高級官吏、高級将校などが増えた。また八四年には山王に八景園が、九二年には大森の八幡海岸に海水浴場ができ、九四年には森ケ崎鉱泉が発見されて、大森界隈は行楽地としても栄えていった。日清戦争後の一八九五年には年間乗降客は二五万人、一九〇〇年には一一〇万人を突破。一九一二年（明治四五年）

には哲学者の和辻哲郎が山王に住み始めたが、住居跡は今はなんと駐輪場になっていた。

八景園とは、実業家・久我邦太郎が八景坂上の畑や草原など一万坪を買い取り、命名したものであり、一八八七年（明治二〇年）には皮付き丸太を使った総萱葺きの家を建て、五〇坪の大広間をつくり、当時最も有名な料亭だった江東中村楼に「料理屋三宜楼」を開業させた。庭には梅や桜を植え、次第に八景園の名が知れ渡ると、学生の遠足や運動会にも利用されるようになった。しかしその後は衰退し、一九二二年（大正一一年）には敷地すべてを四〇区画余りに分割し、住宅地として分譲したという。

また一八八八年（明治二一年）には、小銃射撃場がつくられ、会員制によって運営された。皇族や軍人がここを利用した。一九二三年（大正一二年）にはテニスコートも併設された。射撃場は今はなく、射撃場の跡にもテニスコートが広がっている。またこのテニスコートの北側の住宅地を山王台分譲地と呼ぶようだが、たしかに良質な住宅地である。古いマンションのデザインもとても凝っている。マンションというのは、今は一戸建てが買えない人が買うものというイメージもあるが、四〇年ほど前は都市的なライフスタイルを志向する富裕層のためのものだった。だからマンションのデザインも、今のような大量生産方式の画一的なものではなく、ライオンズマンションですら物件ごとにデザインが違うほどだったのである。

洋風化が進む

話を戻す。一九一五年（大正四年）になると、東海道本線の東京―横浜間が電化された。また、丸の内のオフィス街化が進むなどの変化もあり、都心に通うサラリーマンが大森界隈に住むようになった。山王（旧・入新井村）では、現・大田区内でもいち早く、一九一六年から二二年にかけて耕地整理が行われ、住宅地化への準備を整えている。こうして入新井村（山王）の人口は、一六年には一〇四二二人だったのが、二一年には二三四八九人、二六年には三七四九二人、三一年には四九七三〇人と、順調に増えていくことになった。

大森駅西口に出ると、中心の、やや低い土地

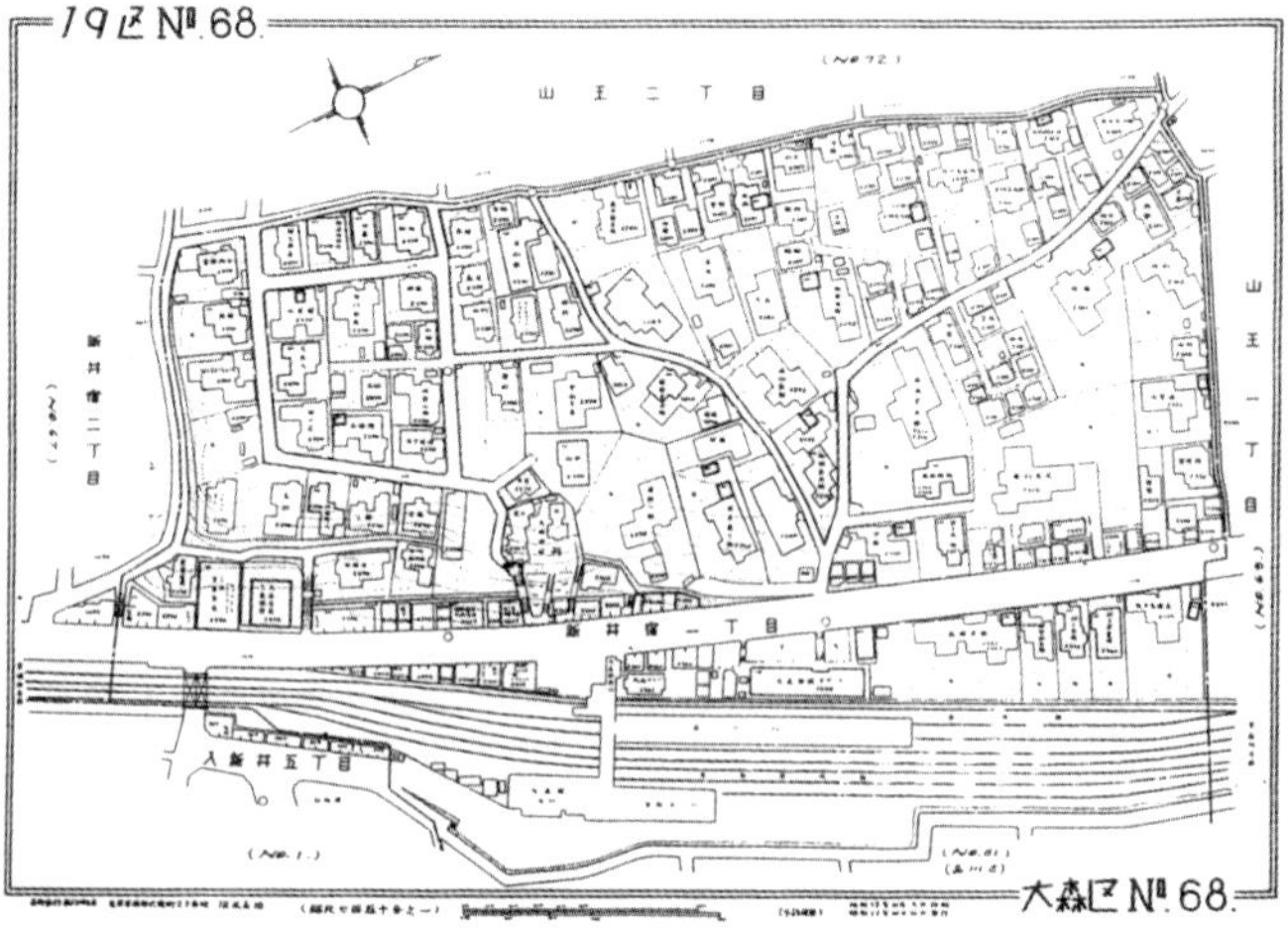

山王地区の地図（1938 年）
出所：大田区教育委員会『大田区の近代建築 住宅編 1』1991

をジャーマン通りが走っており、その北も南も高台になっている。南側は山王二丁目。先述した八景園は二丁目の東端にあった。一九一一年（明治四四年）には、八景園分譲地の脇の高台に「大森ホテルパンション」が開業した。バンガロー様式の、準洋風のホテルであり、各室に給水給湯設備が整えられていた。一二年（大正元年）には「望翠楼ホテル」も開業。これらのホテルの宿泊客はドイツ人が多かった。鉄道敷設のための技師がドイツ人だったためである。

山と谷が入り組んだ山王の地形

山王には自家製のドイツパンを焼くジャーマンベーカリーも多かった。山王二丁目にはドイツ人子弟専用の独逸学園もあり、独逸学園跡地の北の大通りをジャーマン通りというようになった。また、大森駅山王口には国際アパートがあり、そこにもドイツ人をはじめとした外国人が多く住んでいた。

二丁目のさらに南は山王四丁目（旧・新井宿二丁目）であり、一気に低地に向かって降りる。降りた先には弁天池があり、そこに厳島《いつくしま》神社という小さな神社があり、まわりは公園になっている。公園の南はまた坂である。

池の南の坂には山王ロッヂ、北の坂にはニュー木原山ロッヂというマンションがある。ニュー木原山ロッヂの隣には、木原山ロッヂがある。ロッヂとは山小屋のことだが、木原山ロッヂは旅館風。一九六〇年の築。玄関を入って靴を脱ぎ、それから各部屋に行くというスタイルである。部屋の間取りは多彩だが、ワンルームだと、小さなキッチンはあるが、トイレ、風呂は共同のようである。また木原山というのが、弁天池の北側の高台の名称らしい。

山王にはホワイトロッヂというマンションもあり、同じ経営者なのか知らないが、山王がかつて住宅地と言うよりは別荘地のようだった時代をイメージしたのか、あるいはドイツ人が多かったので山のイメージだったのか。たしかに、山王の高台の上に立つと、海が近いせいか、とてもさわやかな風が吹き、とても涼しく、高原にいるようである。そういうリゾート地的なイメージであったのかも知れない。

田園調布と山王、どちらが「偉い」？

ジャーマン通りの北側は山王一丁目であり、西端には徳富蘇峰の自宅跡を使った蘇峰公園があり、そこからまた西は坂が下っていく。蘇峰公園の東側一帯は昭和初期に三井信託が開発した「源蔵が原住宅地」である。ここはかつて入新井村字源蔵が原と言われたからである。

蘇峰公園の北の坂の上には、とても大きな屋敷がある。何かと思うと東芝会館と書いてある。

蘇峰公園

東芝会館

東芝会館のホームページによると、これは三保幹太郎氏（元日本コロムビア社長）が清水建設に依頼し、一九四一年（昭和一六年）に建築したもので、敷地面積六四〇九㎡、建築面積三五六㎡、延床面積四七三㎡。五三年、旧・安田信託銀行不動産部の仲介により東芝に譲渡された。館内は一階に応接室、和室、二階は待合室、ダイニング、配膳室で構成され、渡り廊下によって本館と行き来できる別館のほか、庭園内には雪庵（茶室）も併設されている。雪庵は、大森八景園内にあった茶室を五九年、石坂泰三（元東芝社長）邸に移築、その後八二年、現地に移築されたのだという（なお、東芝会館は品川区西大井四丁目なので厳密には山王ではない）。

山王の日本人居住者はというと、第二三代内閣総理大臣・清浦奎吾を始めとして、建設会社社長、製薬会社社長、朝日新聞社重役、音楽家、子爵・加納久宜、子爵・上杉勝憲らが住んでいたようである（ちなみに、加納久宜の次男・加納久朗は初代日本住宅公団総裁であり、拙著『奇跡の団地阿佐ヶ谷住宅』にも登場する）。

こうして山王は、東京を代表する高級住宅地となった。大田区の資料に田園調布と山王の住民を『第一三版　大衆人事録　東京編』（帝国秘密探偵社・国勢協会、昭和一五年版）をもとに比較したものがあるので、見てみよう（一九九頁参照）。

まず職業別では、会社員は山王が六七％、田園調布が五九％、軍人は山王四％、田園調布一三％であり、田園調布のほうがやや軍人度が高い。

会社員の中身を役職別に見ると、山王は専務以上相談役までが二四％だが、田園調布は一四％、課長以下は山王一二％、田園調布一八％と、山王のほうが格が上である。これは山王

坂の多い山王の住宅地

のほうが開発が早い、都心に近いという理由からであろう。必然的に年齢も山王のほうが高く、四〇代以上が田園調布は二一％だが、山王は二六％であった。

今はどうか知らないが、少なくとも田園調布は、東京を代表する高級住宅地として、日本中に知られている。山王は多少東京に詳しい人でないと知らないであろう。しかし、戦前においてはどうやら山王のほうが「偉かった」らしい。

〔山王の名店、老舗、名物店〕

珈琲亭ルアン（喫茶）　大田区大森北一丁目三六－二　山王の坂道を登ったり降りたりして散歩をして疲れた後の一休みに最適。とてもおいしい。

参考文献

大田区教育委員会『大田区の近代建築　住宅編1』一九九一年
同　　『　同　住宅編2』一九九二年

第四章　洗足、上池台、雪ケ谷

池上本門寺を望む高台

洗足池

全国的な知名度においては、田園調布には遙かに及ばないが、田園調布とともに構想され、田園調布よりも一年早く分譲開始されたのが洗足である。一九二二年（大正一一年）の分譲だから、今年で九〇年である。

洗足という地名は、目黒区だが、田園都市としての洗足には、目黒区洗足二丁目、品川区小山七丁目、同・旗の台六丁目の一部が含まれる。ちなみに洗足池は大田区に属し、北千束、南千束という地名も大田区である。東急池上線洗足池駅は大田区東雪谷にある。「目白」という地名は豊島区なのに、目白台は文京区、「目白文化村」は新宿区というのと似ていて、ちと複雑である。

洗足は、本来は「千束」だが、日蓮聖人が身延山久遠寺から常陸へ湯治に向かう途中、池のほとりで休息し足を洗ったことに由来すると言われている。日蓮聖人が袈裟をかけたと言われる「袈裟掛けの松」（三代目）も残っている。じゃあ、千束とは何かというと、千束の稲が貢租（税）から免除されていたとする説があるそうだ。

池の西側には、千束八幡神社があるが、そこに馬の像が立っている。一一八〇年（治承四年）、安房国から鎌倉へ向かう途中の源頼朝がこの地に宿営したところ、池に映る月のような姿のたくましい野生馬が現れたので、これを捕え、頼朝はこれを吉兆と考えて、旗を差し上げ大いによろこんだという。池に映る月のような馬とは、どんなものなのかよくわからないが、そもそも野生の馬が突然駆けてくるなんてことも、今の時代には信じられない。しかし、馬は現代で言えば自動車に当たる交通手段、輸送手段であり、野生の馬もけっこうたくさんいたらしい。洗足池の近くでも馬込、駒沢、下馬、上馬といった地名があるところからも、かつてそれらの地域に馬がたくさんいた、あるいはそこが馬と関連が深かったことを推測させる。

また、勝海舟が晩年に池のほとりに住んだため、彼の墓もここにある。このように洗足池は由緒ある池であり、洗足田園都市はもちろん、田園調布、同潤会の住宅地の宣伝にも必ず使われたのである。

先述したとおり、私は一九八二年から八八年まで、東急沿線に住んだ。最初は東横線祐天寺駅だったが、次は大岡山駅、住所は大田区南千束であり、洗足池の近くの低地にある木造アパートだった。洗足池のボートに乗ったこともあるし、今は知らないが三十年前には、池のまわりの公園で夏にお化け屋敷もつくられた。

また、南千束は、大岡山、北千束、洗足池の三駅に近かったので、たまの休日に東急沿線を散歩した。洗足田園都市も一度くらいは行ったと思うが、あまり記憶にない。たしか三越エレ

洗足池

ガンスという店があったと思うが、今回歩いてみたかぎりでは、もうないようである。

「田園郊外の趣味を享楽し　併せて文明の施設を応用」

すでに書いたように、渋沢栄一が田園都市の建設を構想し始めたのは一九一三年(大正二年)であり、それに先立って、桜新町住宅地が一九一二年(大正元年)にできている。だから今年や来年は東京西郊における田園都市百周年とも言える年である。

こうした渋沢の構想をどこかで聞きつけたのか、一九一五年三月、東京府下荏原郡の地主有志数名が、王子飛鳥山の渋沢邸を訪ね、荏原郡一円の開発計画を説明して、その実施を渋沢に依頼したという（東急不動産「街づくり五十年」／日本住宅総合センター、一九八五）。そういうこともあったので、渋沢としては田園都市の実現に当たって田園調布にも優先する形で洗足の開発を進めたのかも知れない。

洗足の第一回分譲は一九二二年、翌年には田園調布の分譲も始まり、さらに二四年には洗足の第二回分譲がされ、大岡山に東京工業大学が蔵前から移転してきた。田園都市が次々と実現していったのである（ちなみに大岡山も洗足、田園調布とともに、田園都市株式会社が開発した住宅地だが、本書では取り上げない）。

洗足の分譲規模は、五七四区画、二七万九千平米。だから、一区画平均四八六平米。もちろんこれは道路なども含んでいるので、それを差し引くとおそらく一区画平均三三〇平米＝百坪ほどであったと思われる。分譲は好評で、渋沢秀雄の『洗足回顧』によれば、快適な郊外住宅地を格安に分譲するという渋沢栄一の談話が新聞記事に出て、希望者が殺到したらしい。

田園都市株式会社が発行した「理想的住宅地案内」でも、「煤煙飛ばず塵埃《じんあい》揚らず　真《まこと》よ絶好の保健地！　常住の避暑避寒地！　文化生活の滋味を望まるゝ方は田園都市へ御住み下さい！　田園郊外の趣味を亨樂し　併て文明の施設を應用《おうよう》出来る地は他にありません　機會《きかい》は今です！　何は兎《と》もあれ先《ま》づ現場へ！」と宣伝している。

一九二六年段階で、契約総数は三五一世帯、二六年七月時点ですでに洗足に居住していた

田園都市株式会社発行「理想的住宅地案内」（目黒区めぐろ歴史資料館所蔵）

のが二〇八世帯。残り一四三世帯の居住地は、東京市一五区が四八％、東京府下が二九％だったので、すでに居住している人も同じ属性だとすれば、ほぼ半数は東京市内から転入してきたと推測される。

居住者の職業は、会社員二四％、会社重役二二％、官吏二一％、軍人一一％、自営業八％、医師五％。先述したように、田園調布の軍人比率が一三％だから、洗足とほぼ同じである。桜新町も、上北沢も軍人が多かったというが、やはり一二〜三％だったのかも知れぬ。

また、会社員が二四％、会社重役が二二％ということは、会社員と会社重役の合計のうち半数近くが重役ということである。田園調布では取締役以上が四八％だったから、やはり同じくらいである。

しかし、和田清美の研究によって、三菱財閥の岩崎久彌が一九二一年に本駒込に開発した「大和郷《やまとむら》」と比較すると、大和郷は、専門的職業（医師、技師）が二七％に対して、洗足は一二％、管理的職業（会社重役、官吏、軍人）は大和郷二五％に対して、洗足は四六％、ホワイトカラー（会社員）は、大和郷五％、洗足三一％だったという（和田、一九八七）。大和郷は、別名学者村と呼ばれるほどだったので、医師、技師というのは多くは大学教授だったのではないかと思われる。

こうして見ると、同じように大正から昭和にかけて開発された住宅地でも、旧・東京市内の住宅地では、医師、技師、学者などが多かった。それは近代以前から存在した職業である。しかし、洗足や田園調布などの東京西郊に開発された住宅地では、会社員、重役、官吏、軍人が多かった。それは近代化以降に増加した職業である。そういう意味でも、東京西郊とはまさに近代化のシンボルであったとも言えるだろう。

洋風建築が建ち並ぶ

洗足の街路は、田園都市レッチワースに似ていると言われる。渋沢秀雄は先述したようにレッチワースを気に入らなかったのだから、田園都市第一号の洗足をレッチワース風につくったと

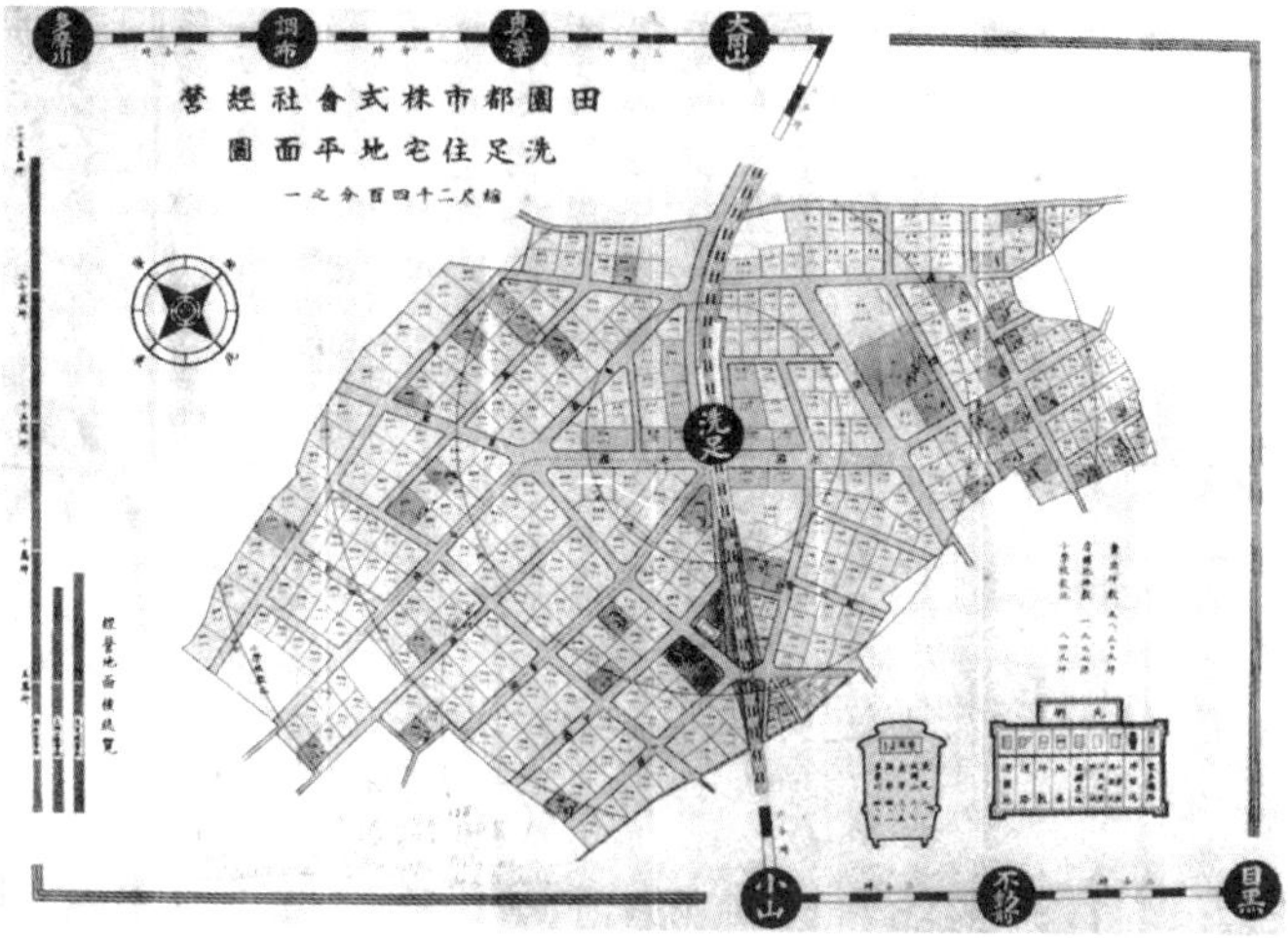

洗足田園都市平面図

は思えないのだが、まあ、たしかにレッチワースに似ていると言われれば、似ている。ただし規模はレッチワースよりはるかに小さい。

まず駅があり、駅前から軸となる道路が線路と直角に交わる。道路の両脇は商店街であり、駅から南東に百メートルも歩くと五叉路の放射状交差点に至る。このへんがなんとなくレッチワース風に見えるのだが、レッチワースは駅から線路に対して斜めに道路が延びている。駅から放射状の交差点まで三〇〇メートルはあるし、その三〇〇メートルの間に商店街はない。交差点に接する形でスーパーマーケットがある。もちろんスーパーは最近できたものであり、当初は映画館だった。商店街はその道路とは九〇度ずれた側にある。そして住宅地は放射状の交差点からまた更に数百メートルは歩かないと始まらないのである。だからこれは、レッチワースとは違うと思う。田園都市という色眼鏡で見るからレッチワースに見えるに過ぎない。別にレッチワース風だろうと何だろうと、関係ない。洗足はいい住宅地である。五叉路から

レッチワースの駅前通

レッチワースの商店街

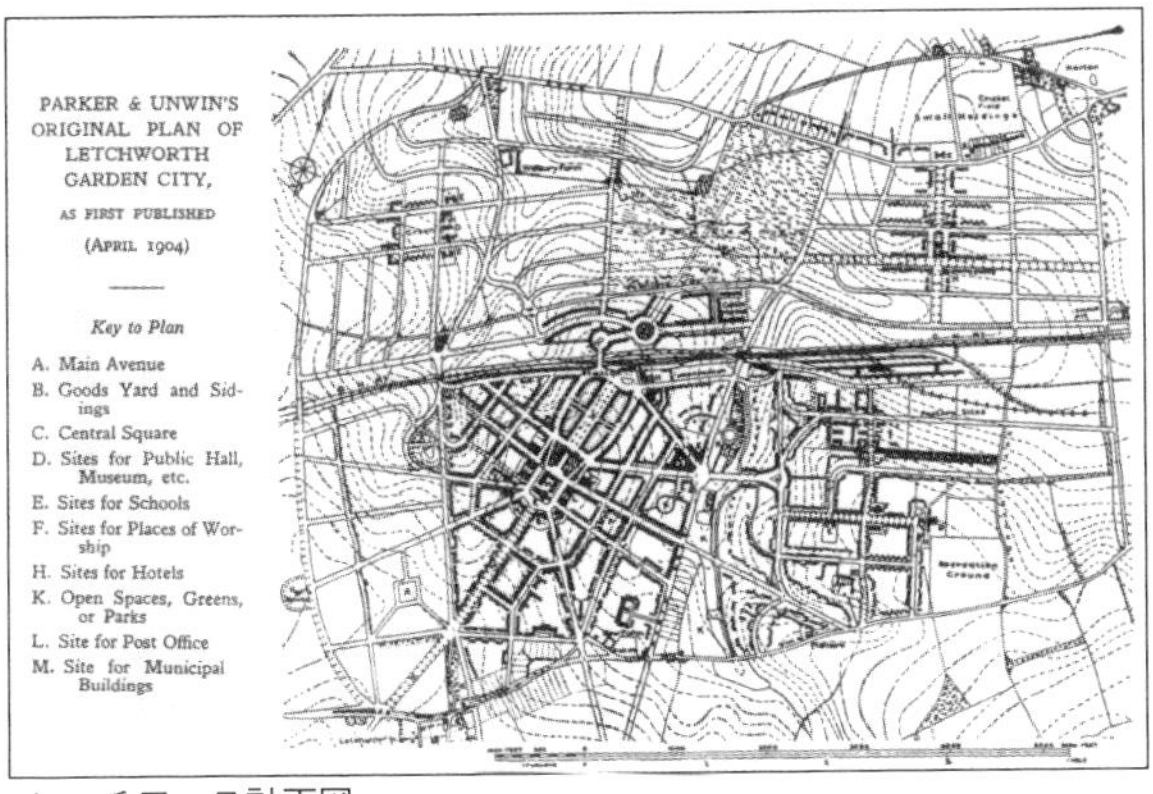

レッチワース計画図

先ず東側に延びる延山通りを歩くと、整然とした街並みが広がる。田園調布ほど派手ではなく、成城ほど装飾的でもない、いわば端正な住宅が並んでいる。街路の広さも、広すぎず狭すぎずちょうどよい。

だが当初から見れば土地が分割されて小さくなったらしい。たしかに広々とした庭を持つ家は少なそうである。古い家も少ない。見た限り、数軒であろうか。ひとつだけ、洋風の古い病院が残っていたのが印象的である。洗足では洋風建築以外は建てては困るという規則があったらしいから、昔はこうした洋風建築がたくさんあったのだろうか。だとしたら、タイムマシンに乗って見てみたい。

その他に日本家屋がいくつかあったが、あとはすべて建て替わっている。分譲当初からある洗足会館も最近建て替わった。しかも、プレハブ住宅である。これにはがっかりした。近年のプレハブ住宅は地震に強く、東日本大震災後非常な勢いで建設戸数が伸びている。しかし外観がいかにもつまらない。ただの四角い箱だし、外壁もすべて同じベージュ色である。何の変化も多様性もない。後述する同潤会の思想を学んで、少しずつでも変化を付けてほしい。そうれば、たとえプレハブ住宅が建ち並ぶ住宅地ができても、少しはよい街並みになるだろう。

延山通りを左折して北上するとほどなく八幡神社がある。そこから東は崖になっていて、荏原中延、戸越銀座方面の低地を見下ろすことができ、遠くには大崎などの高層ビルが見える。

洗足の邸宅

洗足田園都市がまちがいなく丘の上にあることが実感される。神社の北は江戸見坂であり、ここを下ると西小山駅前の商店街、さらに行けば、武蔵小山商店街に至る。武蔵小山は、大アーケードが有名だが、その東側の飲み屋街がとてもいい。立ち飲みの居酒屋が何軒もあり、老若男女、小学生まで集まり、にぎわっている。高級住宅地散歩の後は、庶民的な立ち飲みもまた一興である。

武蔵小山の飲み屋街

同潤会分譲住宅が三つ

上池台の開発については詳しい資料がないが、大田区の資料によると、一九二四年（大正一三年）から二九年（昭和四年）にかけて洗足駅近くの千束地域で、また二六年から三七年にかけて、洗足池近くの池上西部において、それぞれ耕地整理が行われているので、おそらく上池台の開発もこの頃行われたものと思われる。

小池

上池台は、洗足池の南東側の一帯であるが、山王同様、起伏の多い地形である。地元の人しか知らないが、小池という池もあり（洗足池を大池という）、小池の周辺は土地が低く、そこから四方に長い坂があり、そこに良好な住宅地が形成されている。小池の周辺は、古くは荏原郡池上町大字池上字小池という。後述する同潤会洗足台第一分譲住宅もこの「字小池」にある。

東急池上線洗足池駅のすぐ南東は、三井信託の開発した住宅地であり、そこから小池方面に下り、また上っていくと、そこに同潤会勤め人向け分譲住宅地がある（洗足台第一分譲住宅、一九三一年分譲）。実はこのあたりは同潤会が多く、同じ勤め人向け分譲住宅地は、さらに西の雪谷《ゆきがや》（洗足台第二分譲住宅、一九三二年分譲）、南雪谷（雪谷分譲住宅、一九三三年分譲）と、合計三カ所にある（なお、分譲されたのは建物だけであり、土地は江古田、松陰神社の分譲住宅地を除けば借地。ただし、住宅を購入した人がその後土地も購入したケースもあると思う）。

ついでに言えば、上池台から北東方向の大井町線荏原町駅南側には同潤会の住宅地があると古い地図に書いてあるが、詳しくは分からない。そのさらに北の池上線荏原中延駅の北西にも、先述した山王の高台から西側に降りたところにも普通住宅が存在した。また、現・大田区千鳥町には、職工向け分譲住宅地もある。このように旧・荏原郡の東急各線沿線には多くの同潤会の住宅が建てられたのである。

同潤会は、関東大震災後にまず「仮住宅」（仮設住宅）を建設、次いで木造二階建てで、ひとつの建物に三〜四戸の世帯が入る、今で言うメゾネット形式に近い「普通住宅」という賃貸住宅を東京、横浜の各地に建設した。その次には、有名な代官山アパートに代表されるアパートを比較的都心近くに建設したのだが、最後に着手したのが木造一戸建ての分譲住宅であった。「時代の要望は住宅の量の問題から更に質の問題へ」と変わり、「一般勤労知識階級の住宅所有熱」が高まってきたので、同潤会としても「何等かの方法に依って住宅を所有せしめ」「最も時代に適した文化的合理的なる小住宅の模範を供給し」「一般の住宅知識普及向上に資する」ため、「月賦」で購入できる分譲住宅の建設を進めたのである（大田区、一九九二）。

分譲住宅の敷地の選択に当たっては、土地が高燥にして環境がよいこと、東京方面においては市電終点まで十銭以内か、省線を利用する場合は定期券月額五円以内であること、ガス、水道の利用が容易であること、小学校、医師等に不便がないことなどが求められた。

住宅そのものについては、「清楚なる木造瓦葺和風を主と」し、延べ床面積は最大三五坪、敷地は建坪（建築面積）の三倍以上を標準として、将来増築できるようにすること、間取りは三室から五室、平屋と二階建てがあり、子供室あるいはサンルームに利用できる広縁があること、東南の陽光を多く採り入れ、かつ通風を妨げぬように敷地の西北に寄せて建物を配置し、また各住戸相互の配置も、陽光と通風の観点から配置すること、台所付近には特に物干し場、物置のための空き地を用意することなどが条件とされた。

つまり、風通しの良い、さわやかな土地に、日当たりの良い家があり、そこで子どもを含めた家族が健康的に暮らせる住宅というものが求められたと言ってよい。まあ、わかりやすく言えば、サザエさんの家のようなものが標準だったと言えるのではないだろうか。

だが、同潤会は、同じような家がずらずらと並んだ住宅地を望んではいなかった。「一団地に似通った住宅を多数建設することにより、所謂集団住宅が単調に陥る弊を防ぐ為、道路より建物迄の距離に長短を与え、玄関の位置を変え、また屋根形式に変化を持たしめ、かつ敷地内における建物の位置を異にせしめた」。高度成長期につくられた団地のように、同じ間取りの同じ形の家が同じ間隔で並んでいるような住宅地ではなく、一定のコードに従いながらも、平屋と二階建てがあったり、屋根のデザインがちょっと違ったり、門から玄関までのアプローチが違っていたりと、一戸一戸が少しずつ違う、そうであることによって真にすばらしい街並み、家並みが形成されるという思想が同潤会にはあったのである。

また『同潤会十八年史』には、奥沢の章で述べる住宅組合による住宅と比べて、同潤会の分譲住宅がどういう点で優れているかが書かれている。

まず「住宅組合は組合員の希望する場所に、希望した形式の家を建築できるが、かえって経

上池台の坂道と邸宅

済的な価値の低下を招く」。一戸一戸がばらばらでは、街並み全体としての統一感や美しさを実現できないからである。それに対して「同潤会では集団的に快適な住宅街を形成するため、近隣から脅威を受けることがなく」、つまり、隣におかしな家が建つことがないので「市場性を帯び損失が少ない」。

第二に「同潤会の敷地は処女地を低廉に借り入れ又は買い取るため安価である」。

第三に「住宅組合の場合は素人設計で大工任せで施工されるのに対して、同潤会は専門技術者の研究に基づく緻密な設計と工事監督により施工制度が高い」。

第四に「集団的に建設するために敷地の構成や下水の処理が容易で、瓦斯《ガス》・水道などの引用費が少ない」。要するにまとめて開発するからインフラがしっかりしていて、かつ経済的ということである。

このように同潤会は、今風に言えば、国土交通省住宅局管轄の財団法人として、そんじょそこらの分譲住宅地より数段上の住宅地をつくるぞというプライドを見せている。

しかし、残念ながら、同潤会の分譲住宅は、東京の各住宅地において三〇戸ほどずつ建てられたが、今は各地に一戸か二戸しか現存していない。そのため、先述したような、一戸一戸が少しずつ違うことによって形成される美しい街並みを実感することができない。

だが、洗足第一分譲住宅の場合については、新たに建て替えられた住宅を見ても、まったく同潤会住宅地に似つかわしくないデザインのものではなく、同潤会時代のデザインを踏襲するようなものに建て替えられているケースもしばしば目にする。これは江古田の分譲住宅でも見られる傾向である。

おそらく、同潤会の住宅地に住んできたということが、その家族の誇りになっているのであろう。同潤会が勤め人向け分譲住宅地として選んだ場所は、分譲当初はまだ畑や雑木林がたくさん残っていたと思うが、その後、住宅地としてすばらしく発展したところだったからこそ、その住宅地にふさわしくない住宅を建てることがはばかられるのかも知れない。そう思うと、やはり住宅地の計画というものは本当に大事だなと痛切に感じられるのである。

ただし、後述する雪ヶ谷の分譲住宅では、土地が分割されて、細長い三階建ての住宅になっているケースがあったのが残念であるが。

永久に住み心地よき

洗足台第一分譲住宅の分譲に際してつくられたパンフレットを見てみよう。第一分譲住宅は「省線五反田駅を経て池上電鉄長原駅下車、西南約六丁の所で、長原駅からは八分毎に発車して五反田駅まで八分、東京駅まで二五分位で参ります」と書いてある。たしかにこれは至極便

同潤会洗足台第一分譲住宅

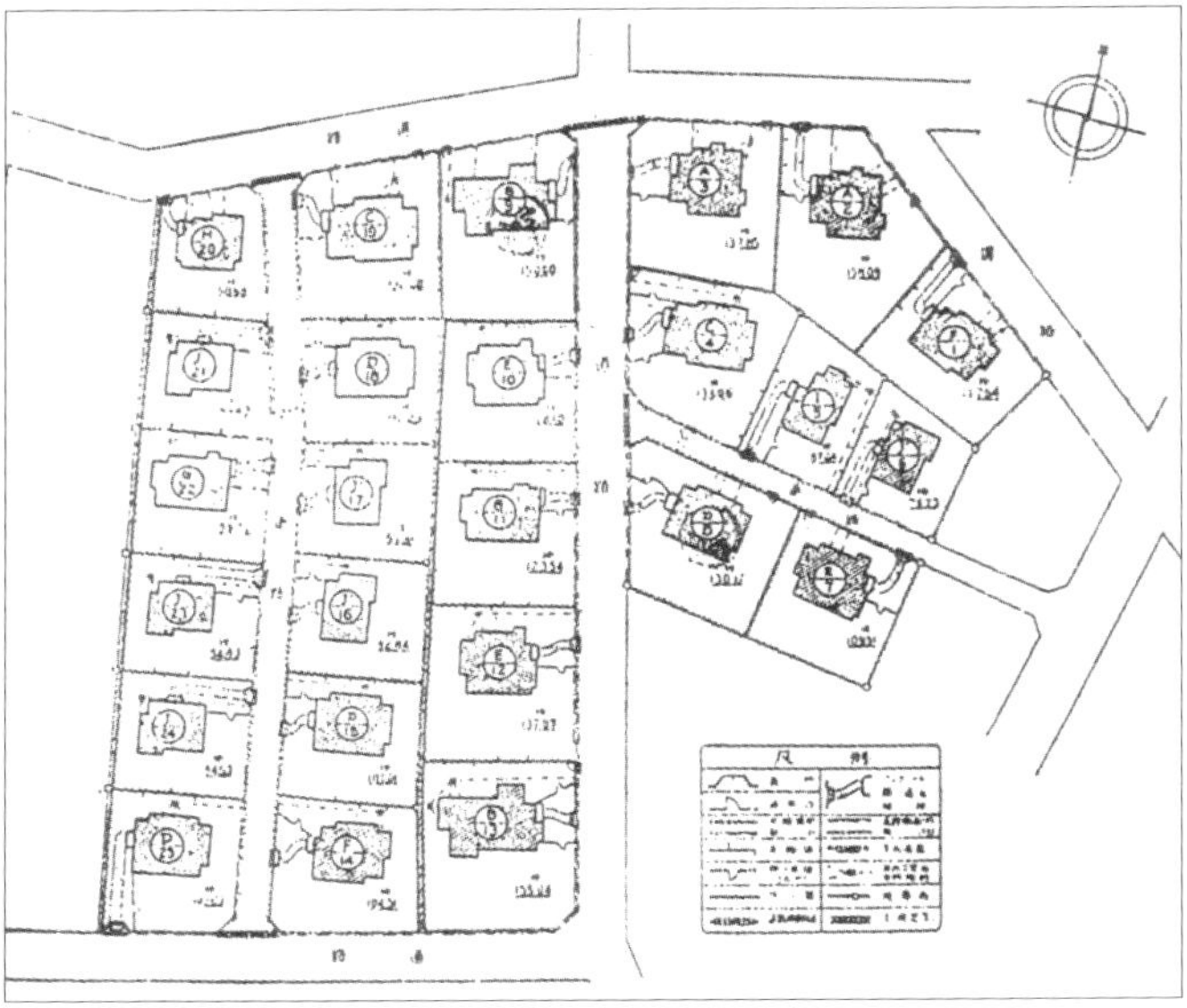

同潤会洗足台第一分譲住宅配置図
出所：大田区教育委員会『大田区の近代建築 住宅編２』1992

洗足流れ

利である。そして「本住宅は文化住宅地として有名な田園調布の連なりで、洗足池等の風光明媚な場所の小池台という丘の上に」あると書かれており、田園調布がすでに地域ブランドになっていることがわかる。また、電気、ガス、水道などの設備も整い、「この点は市内となんら変わりなく、永久に住み心地よき住宅地」であると謳う。

たしかに現地に行ってみると、よい住宅地である。小池から上る坂の上で、そこからまた南に下がっていく高台にあり、二五戸からなる街区のバランスもとてもよい。各戸の庭も広い。ほぼ分譲当初のまま残っているのは一軒だけだが、他の家も敷地は全く分割されていないようであり、全体としてゆったりとした雰囲気が残っている。

洗足台第一分譲住宅から、西に歩くと、次第に坂を下る。下った先に小さな川がある。洗足池から流れ出る「洗足流れ」であり、呑川《のみかわ》に合流する。洗足流れはビオトープのようになっており、魚や虫（ホタルまで！）が育つように工夫されているようである。

この川を越すと、地名は上池台から東雪谷に変わる。また急な坂を上り、荏原病院まで来ると、その南西が洗足台第二分譲住宅である。私の見た限り、一軒は分譲時に近い形で残っている。

ここからしばらくまた西に進むと、険しい崖の上に出て、崖の下は呑川沿いの低地である。そこから崖を見上げると、崖の上に松がたくさん立っている。呑川沿いは、有名な銭湯、明神湯などがある中小の商工業密集地帯であり、呑川と並行して石川台駅前の商店街がある。川の向こうはまた台地であるが、さらにその彼方には川崎方面が一望され、武蔵小杉駅周辺の高層マンション街が見える。また同潤会住宅地からも、南方には池上本門寺の大堂と五重の塔を望むことができる。

同潤会分譲住宅が、崖の上から下を見下ろせる例としては、他に赤羽の分譲住宅がある。しかしそこから見えるのは、小さな谷にすぎない。多摩川方面と富士山と池上本門寺が見えるのは洗足台第二分譲住宅の特権であろう。また、近くには建築家の故・清家清の自邸もある。

坂を下り、呑川を越えると、地名は南雪谷に替わる。またなだらかな坂道を上っていくと、お寺があり、しばらくすると雪谷分譲住宅地だ。同潤会の住宅地は、赤羽の勤め人向け分譲住宅地や西荻の普通住宅地では桜並木があるが、雪ヶ谷は紅葉の並木である。並木道の北のはずれに出ると、目の前に「香炉庵」というコーヒー豆屋があり、そこで喫茶もできる。

分譲当時のまま残っているのは一軒だけのようである。その他はすっかり建て替えられ、土

▲東雪谷の崖の上からの眺め

▲同潤会雪谷分譲住宅地の紅葉並木

▲明神湯

北嶺町の洋風住宅

地も分割されがちであり、同潤会らしさは残っていない。

「雪谷分譲住宅案内」によると、この一帯は高台で、東南に本門寺を眺め、南西に富士を仰ぐ「近郊稀に見る景勝の地」とある。しかし残念ながら現在は建物が増えたためか、住宅地から本門寺を望むことはできないのではないかと思う。眺望では洗足第二分譲住宅地が勝るであろう。

同潤会から南に向かって坂を下っていくと、戦前風の家がいくつかあり、坂の上や斜面には高級な住宅が並んでいる。西に曲がると北嶺町であり、そこに御嶽神社がある。

御嶽神社の創建は天文四年（一五三五年）頃といわれる。天保年間（江戸時代後期）に木曾御嶽山で修業した行者が来社して以来信者が激増し、天保二年（一八三一年）に現在の大きな社殿を建立し御霊を遷座した。関東一円から木曾御嶽山を信仰する信者たちが多数訪れ、「嶺の御嶽神社に三度参拝すれば、木曾御嶽山へ一回行ったのと同じ」と言われたという。周辺は池上線御嶽山駅前の商店街がにぎわっており、庶民的でほっとする雰囲気がある。

散歩の後は明神湯に戻って入湯するにしくはない。湯につかれば散歩の疲れを忘れる。ふと銭湯画を見ると、富士山。近景には、入り組んだ崖に囲まれた湾が描かれている。崖の上に松が数本。おや、これは近くの呑川の風景と同じだ。職人が静岡県に旅したとは思われぬ。呑川の崖の上の松を見て、この絵を描いたのではないか。

〔名店、老舗、名物店〕

ロンシェール Loncheale（パン、ケーキ、洋菓子）　目黒区洗足二丁目二五—一　創業一九三二年の老舗。洗足田園都市とともにあった老舗。カレーパンなどの揚げパンの色があまり茶色っぽくなく、きつね色。パンもふんわり柔らかい。

すだち（和食と地酒）　大田区南雪谷二丁目一八—二—一〇五　旬の魚料理がうまい。

ソウルフード（カレー）　大田区南雪谷二丁目一七—一五　ちょうどいい味つけとちょうどいい量。酒の後のシメにも最適。

明神湯（銭湯）　大田区南雪谷五丁目一四—七　営業時間16時～23時半　定休日5、15、25日（祝日は翌日休）　銭湯研究家・町田忍が一押しの銭湯のひとつ。今も番台があり、入り口の唐破風、彫り物も立派。浴場も清潔である。散歩後に最適。

参考文献

財団法人日本住宅総合センター『世代交代からみた21世紀の郊外住宅地の研究』一九八五年

大田区教育委員会『大田区の近代建築 住宅編1』一九九一年

同　　　『　同　　住宅編2』一九九二年

第五章

奥沢、等々力、上野毛

東京とは思えぬ自然と豪邸

海軍村とドイツ村

先述したように、私は一九八二年から八八年まで、東急沿線に住んだ。最初は東横線祐天寺駅、次は大井町線と目蒲線（現・目黒線）の交わる大岡山駅だったが、住所は大田区南千束であり、洗足池の近くだった。だから大井町線北千束駅、池上線洗足池駅にも近く、休日には東急沿線をよく散歩した。その次が大井町線九品仏駅。住所は世田谷区奥沢六丁目で、自由が丘駅にも近かった。その頃は、等々力《とどろき》、上野毛、二子玉川駅方面にもたびたび行ったと記憶する。

この三つの住まいの中でも特に場所が気に入っていたのは奥沢だ。祐天寺でも大岡山でも私の住むアパートは低地にあった。だから部屋の中が湿気ることがしばしばあった。

だが奥沢では高台のマンションの二階に住んだ。低地のマンションなら四階か五階の高さであり、見晴らしも風通しも良かった。風水とはよく言ったもので、風と水の流れがよい場所に住むことはとても快適なことなのだなと、そのとき初めて感じた。

奥沢から吉祥寺に引っ越してからも、かかりつけの医者が奥沢駅近くだったので、私は十五年くらい、月に一度奥沢に通った。だからこれまで二百回くらい奥沢を訪れていると思うが、訪れるたびに一度の例外もなく、心地よさを感じる。なだらかな坂道、おだやかな空気の流れ、ほどよい緑。歩いているだけでなぜか不思議と心地よい。

桜新町もそうらしいが、奥沢は軍人の街であり、特に海軍の街である。実際、「海軍村」と呼ばれる地域が、奥沢二丁目にあった。一九二一年（大正一〇年）に中流階級の持ち家促進を目的として、複数の人々が互助組合を作れば低金利で融資が受けられるという住宅組合法が制定されたが、海軍村は、この融資を受けた海軍士官たちで形成された組合「水交住宅組合」によって、一九二四年にできた住宅地なのである。

関東大震災後の一九二五〜二七年の三年間だけで、東京市内には二二一の住宅組合が設立されたが、同じ組合の住宅が同じ地域に固まって建設される例は、奥沢海軍村以外には少なかったらしい。

一九二一年というと、洗足や田園調布に田園都市が分譲開始される直前である。この二つの住宅地はやや高額であったが、洗足と田園調布のちょうど中間に位置する奥沢は、地価が少し安かった。それを聞きつけた海軍の軍人たちが、こぞって奥沢に移住してくるようになったという事情もあったらしい（『世田谷まちなみ形成史』）。虎ノ門の海軍省と、横須賀の海軍鎮守府の中間地点だという地の利もあった。また水交社はもともと海軍の親睦会であったが、住宅の施工に当たっては水交社指定の大工に頼むことができたようであり、このことがますます海軍村の誕生を促進した。最終的には三〇人ほどの海軍士官が住んだようである。

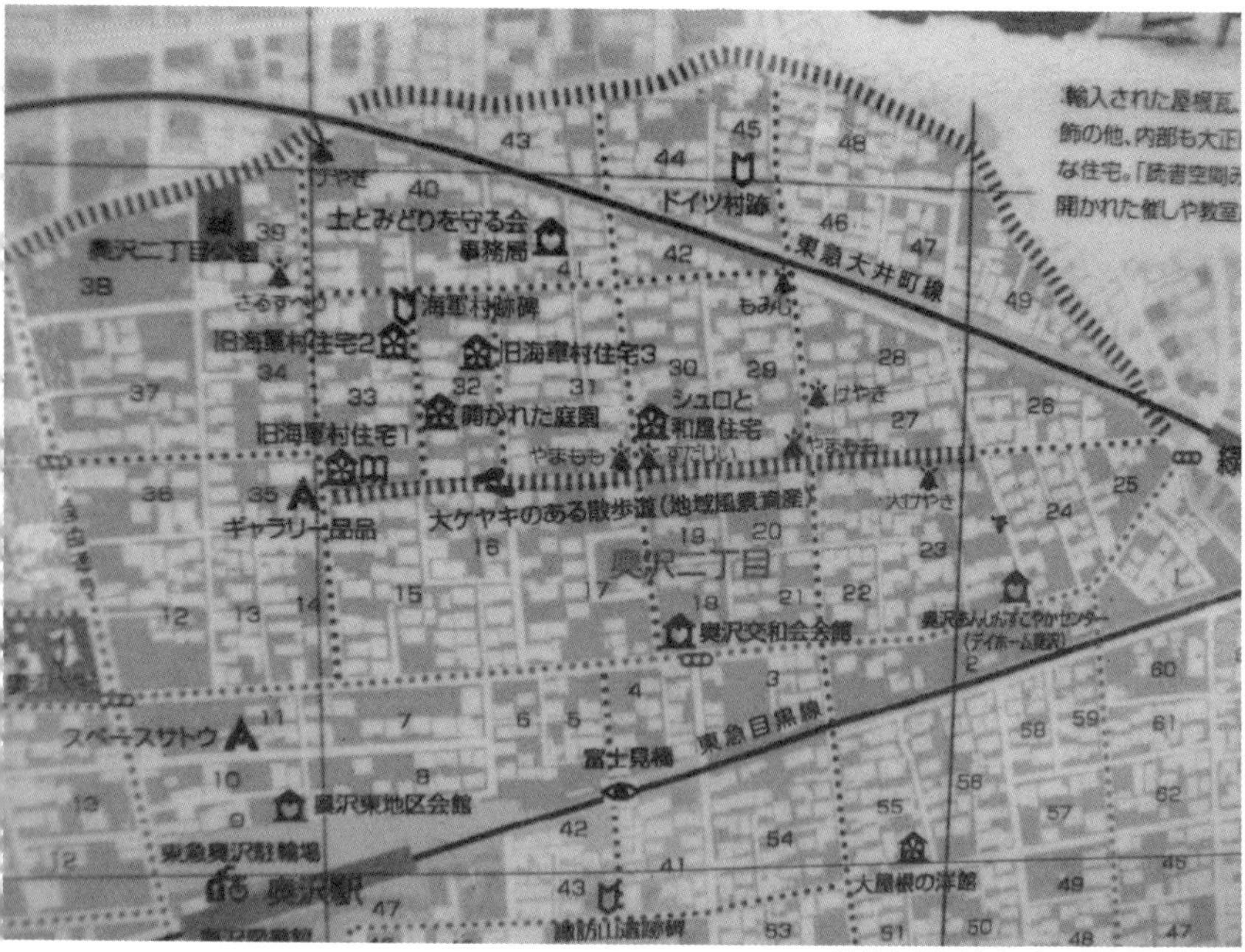

道端に掲示されている海軍村地図

また、奥沢の地主であった原菊次郎は、後述する玉川村の耕地整理が始まる前に、宅地需要の増大を見込んで、元々大根畑だった奥沢の土地を独力で耕地整理していた。そして原は、海軍士官の組合と借地契約を結び、いわば海軍士官たちを誘致したのである。海軍の中でも主計関係が多く、他は中将、少将が半数ほど、残りは大佐などの佐官級だったというから、かなりのエリートである。

海軍村の住宅は、今でも三、四軒ほどが残っている。住宅は平屋が多く、敷地は当初は百四十坪から三百坪と広かった。様式は、今残っているものから推測するとスパニッシュ風が多かったようである。震災後の資材不足のため、アメリカから瓦や木材を輸入したようであるが、そもそも瓦の色がオレンジ色のスパニッシュだから、輸入するしかなかったのではなかろうか。また、海軍村の一角には「海軍村跡」と彫られた石柱が立っている。

海軍村ができると、住民が共同でテニスコートをつくるなどのコミュニティ活動も行われたというから、住民自身が愛着を持って地域を育ててきたことも、奥沢の街並みを快適なものにしてきたと言えるだろう。

海軍村の住宅のうち一軒は、「読書空間みかも」として公開されているので、中を見ることができる。「読書空間みかも」は、財団法人世田谷まちづくりトラストの「地域共生のいえ」の一つである。「地域共生のいえ」とは、自宅の一部を地域社会に開放し、住民の福祉、文化などの活動に利用してもらう事業である。古い家が地域に開放されることで、住民は、新しい住宅では味わえない豊かな気持ちを味わいながら活動ができ、家主側は、地域とのつながりができ生活の張り合いもできるので、一石二鳥の事業であると言える。こうした形で、古い住宅ができるだけ取り壊されずに活用されていくことが、今後の社会では望まれていると私は思う。

また、海軍村の近くには、ドイツ村と呼ばれる地域もあった。これは、一九二四年ごろ、実業家で大学教授でもあった原熊吉がドイツ留学から帰国し、海軍村の北側の一角にドイツ風の家を建てたのをかわきりに、その後も欧米から帰った人々四、五人が、この附近に洋風の住宅を建て、特に二階建てのドイツ風の住宅が目立ったので、近隣の人々はここをドイツ村と呼ぶようになったのだという。海軍村とドイツ村の人々は、道路を境に「源平」に分かれて、運動会をしたり、野球の試合をしたりして親睦を深めた。なお、海軍村とは異なり、ドイツ村の住宅は現存しない。

国分寺崖線沿いの住宅地

奥沢から自由が丘、九品仏、等々力、上野毛といった一帯は、まことによく整備された住宅地であり、まさに高級住宅地の名に恥じない。この広大な地域の整備はいつ誰がしたのかというと、一九二三年（大正一二年）に玉川村村長となった豊田正治である。

豊田は、田園都市株式会社が田園調布、洗足、大岡山において土地を四八万坪も買収し、新しい郊外住宅地開発事業を進めていることに危機感を持った。田園調布、洗足、大岡山は、現在の区で言えば大田区、目黒区、一部品川区であるが、田園都市株式会社は奥沢駅周辺でも住宅地の開発を進めていた。このままでは、玉川村もどんどん買収されていってしまう。そこで豊田は「農民の利益を確保するためには、営利会社による農地のなし崩し的宅地化を排除し、それに遜色のない計画的住宅地づくりを農民自らの手によって行うことが必要である」と主張した（『世田谷近現代史』）。こうして、二四年、「玉川全円耕地整理組合」が創設された。しかし、

▲読書空間みかも

▲海軍村の住宅

▲奥沢の邸宅

事業の推進には反対勢力も非常に多く、村長は気が狂ったかと言われ、暴力団が来て、村長を殺してしまえと斬りつけ、豊田は耳に傷を負ったほどであった。

しかし、豊田が村長として再選された頃から事態は収まり始め、一九四一年には神主の立会いで耕地整理推進派と反対派の和解のための手打ち式も行われた。一切の事業が完了したのは一九四四年末のことであった。

奥沢は東西に広い地域であり、駅で言えば東急大井町線緑が丘駅から、自由が丘駅、九品仏駅を過ぎたところまで広がっている。その西が尾山台で、そのさらに西が等々力。そして次が中町だが、等々力と中町の間に谷沢川が流れており、等々力駅のあたりから多摩川に向かって深く谷を形成している。これが有名な等々力渓谷である。

つまり、緑が丘駅から等々力駅までは、呑川と谷沢川、そして北側は九品仏川に挟まれた台地なのである。そして南西側に多摩川が流れているが、多摩川方向に向かって急な崖になっている。この崖を国分寺崖線という。多摩川の支流に野川があり、二子玉川で多摩川に合流するが、野川の源流が国分寺（恋ヶ窪）にあるからである。本書が取り上げる成城も、野川と仙川に挟まれた台地の上にある。つまり成城から田園調布までは、国分寺崖線の崖の上につくられた高級住宅地群だと言えるのである。

思えば、私が大学進学で東京に初めて住んだのも国分寺崖線の上であった。小金井市の野川

玉川村全円耕地整理前の道路図

玉川村全円耕地整理後の道路図
出所：世田谷区教育委員会民俗調査団『世田谷区民俗調査第４次報告等々力』1984

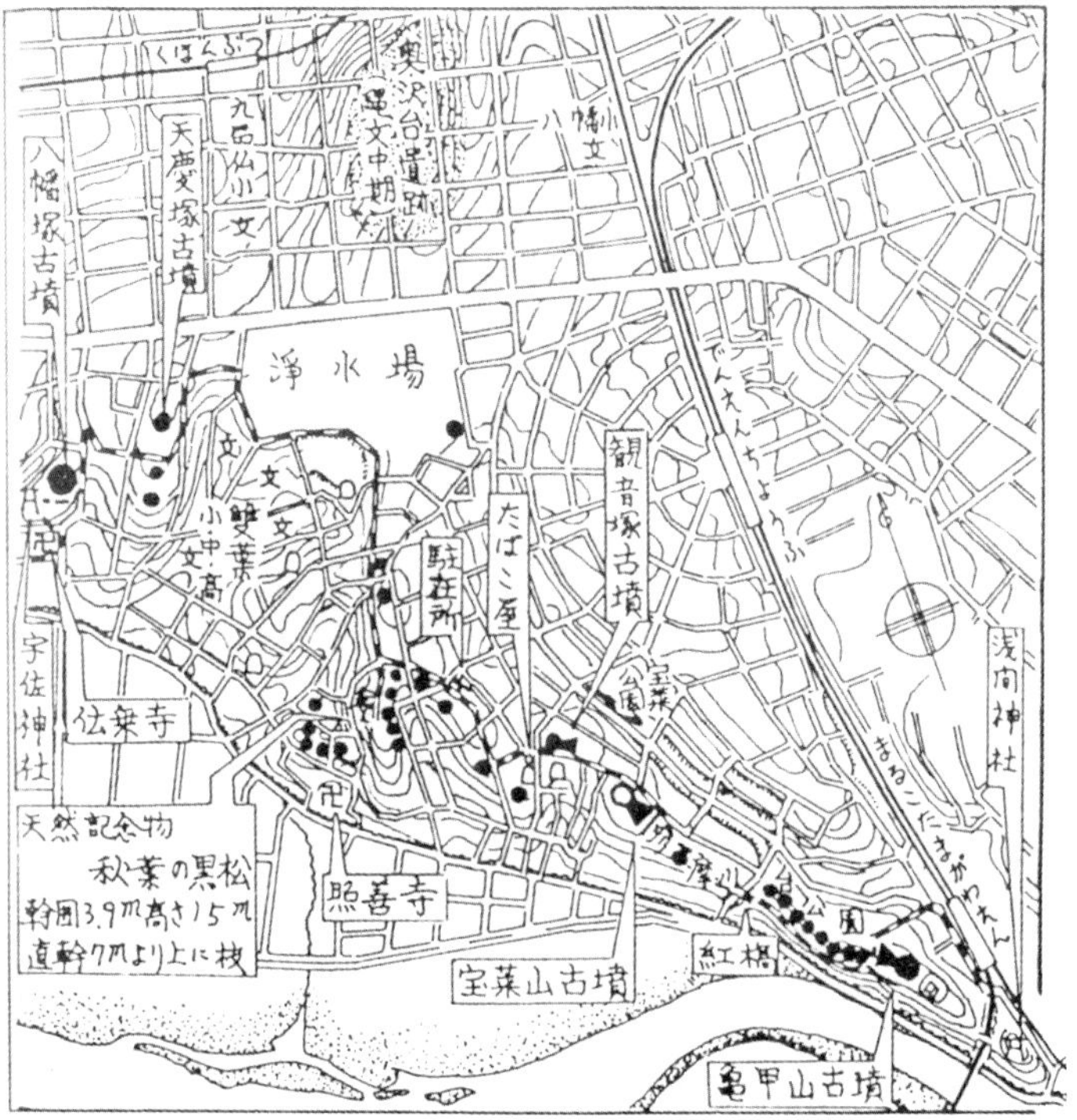

沿いの「はけの道」と呼ばれる道の近くの小さなアパートである。「はけ」とは「水はけ」の「はけ」であり、高台から川に向かって水が流れ落ちていく地形を指す。野川沿いにはまだ少し水田もあった。東京といえばコンクリートジャングルだと思っていたのに、田舎から東京に出てきて、こんなに田舎な風景の近くに住むとは思わなかった。

大学最後の年は恋ヶ窪の近くに住んだ。祖父母の家が調布にあり、小金井から自転車で行ったこともあるが、途中、大沢という地名があった。小金井は黄

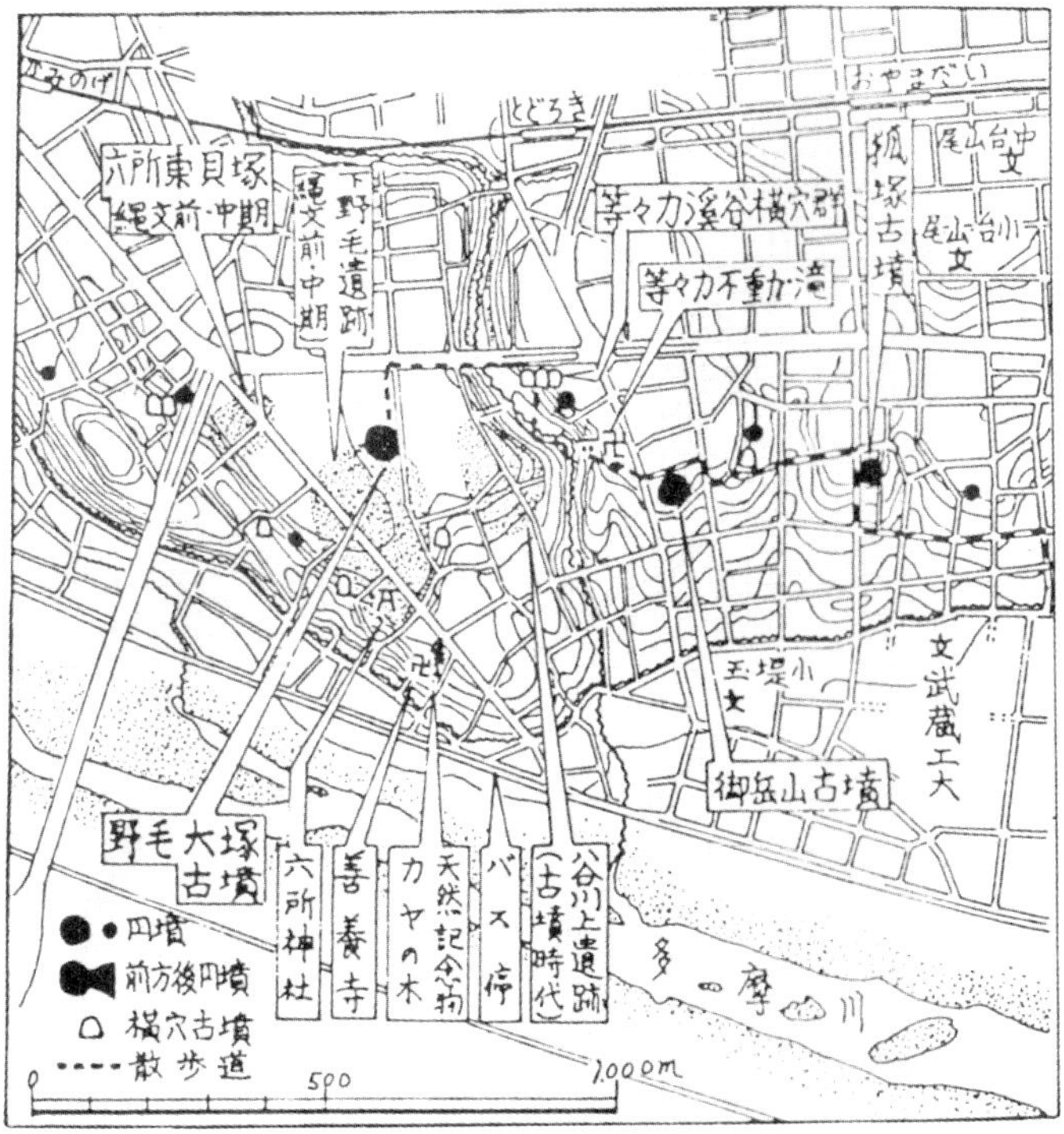

古墳、遺跡などの分布　出所：世田谷区「世田谷の近代風景概史」

金のように水が湧き出るという意味、大沢も水が豊かに流れる様を表す。野川に向かう崖線の上には地下水が豊富に含まれ、良い水が出たのである。国分寺崖線上は、そもそも古代に国分寺が置かれ、深大寺が創建するなど、歴史上重要な地域であるが、野川をさらに下った現・世田谷区の崖線上も、縄文遺跡、古代の古墳が多く（上図）、近代以降は、富裕層の別荘地などがつくられた。次頁図は昭和初期の上野毛から瀬田、岡本を経て大蔵六丁目に至る一帯であるが、野川のさらに北の丸子川

多摩川左岸邸宅等分布図　出所：世田谷区「世田谷の近代風景概史」

（旧・六郷用水）の北側の高台に、高橋是清、岩崎家、松方家ほか、政治家、実業家の別邸などがずらりと並んでいる。

等々力ジートルンク

話がそれたが、私が等々力渓谷に初めて行ったのは、もう三〇年近く前だろう。はけの道以上に、東京にこんな所があるのかと驚いた。行ったのは真夏だが、昼なお暗く、涼しい。アゲハチョウやオニヤンマが飛び、東京にいるとは思えない。避暑地のようだった。そういえば、

等々力ジートルンクあたり

昼なお暗い等々力渓谷

等々力渓谷に行ったのはいつも真夏だ。夏だからこそ行きたくなる。紅葉の時期もよいと思うが。

この等々力渓谷に沿って西側の、世田谷区中町一丁目に、戦前「等々力ジートルンク」という住宅地がつくられた。ジートルンクとはドイツ語で戸建て住宅が複数建ち並ぶ土地の意味。いわば団地である。

等々力ジートルンクを計画したのは、建築家蔵田周忠《ちかただ》。目蒲電鉄所有の土地に、同社開発部との協議を経て、蔵田はやはり建築家の久米権九郎とともに計画を推進した。蔵田が武蔵工業専門学校（現・東京都市大学）に勤務しており、同校が東急資本との関係を深めていたこと、東急の総帥五島慶太の妻の弟は久米だったことから、蔵田と久米が計画の中心者になったらしい（森、二〇〇〇）。

　全三十一戸の住宅の設計は、蔵田、久米のほか、吉田鉄郎、岡村蚊象（山口文象）、ブルーノ・タウト、山脇巌、山田守、谷口吉郎、佐藤武夫、市浦健、土浦亀城（成城の章にも登場した）、前川國男、斎藤寅郎、松本政雄、堀口捨己、土浦信というそうそうたるメンバー。雑誌『国際建築』一九三五年三月号に計画が発表された。そこには「大都市の郊外発展と共に数を増す住宅の大群に対して、一定の技術的統一ある新住居区の計画的実現を希望する建築家が協力して、地区の計画から各戸の建築、並に設備の全般に亘って、新時代に適応する模範を示したいという意気込みを以て、今回我国最初の統一あるジートルンクが設計されようとしている」と書かれていた（森）。

　三月号だから二月に発行されたものと思われるが、その直後の三月に図面と模型の展覧会を開催して、住宅購入の予約を開始し、秋には住宅建設を完了し、同時に住宅展を開催、住宅展終了後に分譲するという計画だったらしい。ところが、計画はすぐに頓挫した。市浦、土浦、堀口、谷口は途中で手を引いてしまったのだ。そのへんの事情はよくわからないが、感情的なもつれもあったらしい（森）。結果、蔵田が個人的につながりのある施主を募り、四戸だけが竣工したというが、今は一戸だけ、あまり原型がわからない形で残っているらしい。

　ジートルンクはドイツ語でいわば戸建て住宅の団地を意味すると書いたが、等々力ジートルンクの実現を企図させたきっかけは、一九二七年にシュトゥットゥガルトの丘の上で開催されたヴァイセンホーフ・ジートルンク展である。ヴァイセンホーフ・ジートルンク展は、世界的建築家ミース・ファン・デル・ローエが中心となって、ル・コルビュジエらの建築家が参加し、近代的な、白い外観の住宅二十数棟を設計、建設、展示、販売したイベントであるが、この住宅展が一九三九年から四〇年に開催されたニューヨーク万博のコンセプトづくりの段階にも影響を与えたことは拙著にも書いた（三浦展『「家族」と「幸福」の戦後史』）。

蔵田はラスキンとモリスの影響を受け、生活の改善、生活と芸術の融合を求めていた（大川）。一九二二年の「平和記念東京博覧会」（文化村）にも技術員として参加していた。一九二八年には同潤会代官山アパートに引っ越し、バウハウスやドイツ工作連盟に影響された機能主義デザインの実験を行うほどだったが、三〇年か三一年にはドイツに渡り、ベルリン西南のツェーレンドルフにあるブルーノ・タウト設計のジートルンクに友人とともに住み、ヴァイセンホーフ・ジートルンクをはじめとしたドイツおよび欧州の住宅の新潮流を視察してまわった。特にヴァイセンホーフ・ジートルンクが、多数の建築家の協力により成功を収めていることに感心し、日本でもぜひこのような住宅展を実現したいと思ったようである（森）。等々力渓谷を見下ろす丘の上にモダンな白い家が三十棟並ぶ計画がもし実現していれば、ぜひ見たかったものである。

岩崎家と五島家

上野毛と言えば加藤周一を思い出す。戦後最高の評論家と言われる。そして小佐野賢治。ロッキード事件で初めて一般人の目に触れた政商にして国際興業社主。田中角栄の「刎頸《ふんけい》の友」。そして五島美術館。東急の総帥、五島慶太の美術コレクションを保存展示するため、五島の没した翌年の一九六〇年に設立。国宝『源氏物語絵巻』を所蔵する。設計は成城の猪股邸と同じ吉田五十八《いそや》。寝殿造の要素を現代建築に取り入れたものと言われる。美術館の隣には五島が一九四九年に創設した財団法人大東急記念文庫がある。また、岡本太郎も一九四六年から五四年に上野毛に住んだ。

と、まあ書くだけで、ただごとではないことがわかるのが上野毛である。ここはわれわれ一般庶民の感覚からすると住宅地ではない。住宅地と呼ぶには家が大きい。敷地が広い。庭の木がうっそうとしている。店がない。ちょっと浮世離れしている。多摩川を見下ろし、川崎、横浜を望む小佐野賢治邸の大きさよ！　むしろこれは別荘地であろう。本来、昭和初期にはそうであったのだし。一般人から遠く離れて思索し、創作し、あるいは暗躍する場所とも言える。

上野毛のさらに西の岡本には、三菱財閥が集めた日本および東洋の古典籍及び古美術品を収

▲古墳

▲小佐野賢治邸

▲上野毛の邸宅

蔵する静嘉堂《せいかどう》もある。岩崎彌之助《やのすけ》（一八五一―一九〇八　彌太郎の弟、三菱第二代社長）と岩崎小彌太（一八七九―一九四五　三菱第四代社長）の父子二代によって設立され、国宝七点、重要文化財八十三点を含む、およそ二十万冊の古典籍（漢籍十二万冊・和書八万冊）と六千五百点の東洋古美術品を収蔵している。静嘉堂の名称は中国の古典『詩経』の大雅《たいが》、既酔《きすい》編の「籩豆静嘉《へんとうせいか》」の句から採った彌之助の号で、祖先の霊前への供物が美しく整うとの意味。

一九九二年（平成四年）四月、静嘉堂文庫美術館が開館。世界に三点しか現存していない中国・南宋時代の国宝「曜変天目茶碗（稲葉天目）」をはじめとする所蔵品を、年間四〜五回の展覧会でテーマ別に公開している。

図書を中心とする文庫は、彌之助の恩師であり、明治を代表する歴史学者、重野安繹《しげのやすつぐ》（成斎《せいさい》一八二七―一九一〇）、次いで諸橋轍次《もろはしてつじ》（一八八三―一九八二）を文庫長に迎え、はじめは駿河台の岩崎家邸内、後に高輪邸（現在の開東閣）の別館に設けられ、継続して書籍の収集が行なわれた。

諸橋轍次は大修館『大漢和辞典』全一三巻（一九六〇年刊）の編者として歴史に残る人物だ。大修館が『大漢和辞典』の構想を持ちかけたのが一九二五年、本格的な製作開始は二九年。第一巻完成が四三年。だが四五年、東京大空襲で大修館が燃え、組み上がっていた印刷用の版がすべて溶けた。戦後、校正刷りなどをもとに作業を再開した。しかし、四六年、諸橋は長年の無理がたたって右目を失明。左目も明暗がやっとわかる程度にまで悪化したというなかであの大辞典を完成させたのだから、まさに命がけの大事業であった。
諸橋は新潟県南蒲原郡森町村（現・三条市）出身で、そのため私の父は「あんな根気のいる仕事をするのは、新潟県人だからだ」と、しばしば話題にした。私の名前「展」を「あつし」と読む読み方は普通の漢和辞典には出ていない。中学校の時、図書館にあった諸橋大漢和で引くと、ちゃんと「あつし」という読みが出ていた。わざわざ諸橋大漢和を引かないとわからない読み方を選んだというわけではないらしいのだが。

〔名店、老舗、名物店〕

吉華《きっか》上野毛店（四川料理）　世田谷区上野毛三丁目一四‐一〇カーサ上野毛二階　担々麺で有名。

金田（居酒屋）　目黒区自由が丘一丁目一一‐四　一九三六年（昭和一一年）開業の老舗！

オーボンヴュータン au bon vieux temps 尾山台店（フランス菓子・喫茶）　世田谷区等々力二丁目一‐一四　店名は「古き良き時代」の意味。昔ながらの家庭の手作りのお菓子を目指す。

OTTO《オット》（イタリアン、パスタ、ピザ）　世田谷区野毛一丁目一七‐一一　等々力渓谷スカイマンションB1F　等々力渓谷を見下ろす絶好の地。

参考文献

世田谷区街並形成史研究会『世田谷区まちなみ形成史』世田谷区都市整備部、一九九二
森仁史「等々力ジートルンク」（片木篤、藤谷陽悦、角野幸博編『近代日本の郊外住宅地』鹿島出版会、二〇〇〇、所収）
大川三雄「生き続ける建築　11回　蔵田周忠」INAX REPORT No.177（http://inaxreport.info/）

高級住宅地三大商店街

大正から昭和にかけて
開発された東京西郊には、
住宅街だけでなく、
商店街もたくさんできた。
東京西郊には巨大な
ショッピングセンターがないせいか、
商店街は、あまりシャッター通りにもならず、
まだまだ元気である。
戸越銀座、武蔵小山、中野サンモール、
阿佐ヶ谷パールセンターなど、
何百メートルもある長～い商店街も健在だ。
ただし、こういう大きな商店街だと、
チェーンのドラッグストア、ファストフード、
コンビニ、お菓子屋などばかりが増え、
昔ながらの風情はだいぶ失われている。
そんな中で、小さいながらも風情があり、
かつ、ただ古いだけではなく、
新しいお店も増えている
商店街を三つ紹介しよう。

一位

荻窪教会通り

JRあるいは地下鉄丸ノ内線の荻窪駅北口を出て、青梅街道を渡り、みずほ銀行の右を入り、天沼教会、東京衛生病院に至るまでの二百メートルほどの細い商店街である。

教会通りの魅力は、何と言っても、その道幅の狭さと、絶妙な曲がり具合である。ちょっと歩くとちょっと曲がる。まるで梅の枝のよう。この微妙な曲がり方は、地図で見ても絶対にわからない。実際に歩いて体感しないとわからない、それほど微妙な曲がり方。そして、曲がっているからこそ、ほっとする。曲がっているからこそ、わくわくする。本天沼の同潤会分譲住宅にも近い。

お店はというと、何といってもさとうコロッケ店。西荻窪のとらや肉店にも劣らぬおいし～いコロッケが食べられます。そして、昔懐かし家庭的な定食屋のやしろ食堂。それから、はちみつ専門店ラペイユ。創業六〇年以上の手仕上げのクリーニング店・東京社のたたずまいは必見。向かいの園芸店・天豊園もなごめます。その先に自然食品店グルッペ。さらにテーラー中山。スーツづくりはお客様との対話から始まるという信念を持つ老舗。そして手作りパン屋のTAMAYA。左折して衛生病院手前には自然食品店べるべる。

どうです。行ってみたくなったでしょう?

氷

中山

二位 経堂すずらん通り

この通りは楽しい。商店街を入ると、和菓子屋甘ぼうでは鯛焼きも売っている。もうひとつの和菓子屋・浜むらもとても上品な雰囲気。名エッセイスト植草甚一が通った古本屋・遠藤書店もある。ハルカゼ舎はセンスの良い文具、雑貨の店。隣はカフェ・クーラ。それから、カフェ・リーフ、カフェくるみ堂、カフェ＋ギャラリー芝生など、カフェが多いです。

ウレシカは海外の古本絵本や文具。そしてセンスのよい雑貨の店、リンファ。メルヘンチックな小さなレストラン・ルルはとてもかわいい。

同潤会分譲住宅や恵泉女子学園のあたりを過ぎて、しばらく行くと、アンティークセレクトショップ・レコール。そして、すばらしくおいしいパンの店、ラヴィ・エクスキーズがあります。

Lulu's Kitchen

ハルカゼ舎

遠藤書店
本店
☎3429-5060
ENDO

三位

松陰神社通り

いかにも世田谷線らしい、まったり、ほっこりした商店街。

神社近くのお菓子屋、松栄堂はとてもレトロ。手作りの蒸しパンがおいしい。註文ワイシャツの山本も懐かしいし、くすりの小林新生堂の店構えも古くさくて、なごめます。いまどきのドラッグストアの慌ただしい雰囲気とはまったく逆の、のんびりした薬屋さん。他方、世田谷線踏切近くには、新しいカフェ・スタディが出来ている。

踏切を渡るとニコラス精養堂。創業明治45年の老舗。名物は松陰饅頭。しばらくすると、カフェ・ロッタ。地元のママ友同士の社交場。みやこ電気商会という看板があるのに、店頭は魚屋と八百屋という不思議な店があるが、電気商会はなんと魚屋と八百屋の奥にあった！　その向かいはすてきなブティックのカルム。世田谷通りを渡るとすぐにあるのが、おいしいパンで有名なフォルトゥーナ。

というわけで、新旧混在、まったりからおしゃれまで、松陰神社通りはあなどれない。

はんこ
ワイシャツ

縁
冷やし甘酒
あります

定休日
日曜祝日

鶴の湯

洋風住宅

西郊の高級住宅地らしさと言えば、洋風住宅がどれだけ建っているかによって計られると言ってもよい。

三角屋根、ハーフティンバー、スパニッシュ、ライト風などなど、さまざまな様式が楽しめる。

しかし、それらの洋風住宅も今はかなり建て替わっており、戦前に建てられたものは貴重である。

もちろん、建て替わった新しい住宅だって、ほとんどは洋風なのだが、戦前の家ほどの趣はない。

できれば戦前の洋風住宅は、すべて美術館か、レストランにして残して欲しい。

アプローチ

昔の高級住宅には立派な門があった。
門から玄関までにも一工夫あり、
曲がったり、階段を上ったり、
石が敷き詰められたり、植栽が豊かだったり、
思わず見とれてしまう。
こういう家を訪問するときは、
きちんと襟を正したくなる。
昔の映画に出てきそうだ。
お嬢さんを頂きたい、なんてお願いに行くと、
お父さんが応接間で黙って煙草を
ふかしていそうである。

玄関、窓

ああ、なんて素敵な玄関でしょう。
なんて素敵なドアでしょう。
なんて素敵な窓でしょう。
高級であるということは、
これみよがしということではない。
職人が手仕事で鉄を曲げ、ガラスを吹き、
木材を加工して、やっとできる。
その手間と時間にお金をかけているのです。
単に物にお金をかけているのではない。
文化にお金をかけるのです。
人間にお金をかけるのです。

門

門というのは、上流の象徴である。
私の家はこういう者であるという表現である。
でも中は見せないよという態度の表明である。
ちょっとやそっとじゃ人を入れないという
意志の現れである
どうしても入りたければ、紹介がいるよと
言っているようである。それが無理なら、
夜中に忍び込むしかないのである。
入ってみたら、きっと
びっくりするものがありそうである。
背伸びして塀の上から覗きたくなる。
でもあまり覗かないでください。

モダン建築

高級住宅地を歩く楽しみのひとつは、
戦前の木造住宅や洋風住宅を見つけることだ。
しかし1960年代ごろにできた
鉄筋コンクリートの邸宅を
見つけるのも楽しい。
大体が、コルビュジエ風のモダンなデザイン。
庶民が、バラックに毛の生えた家にやっと
住めるようになった時代に、
上流階級が建てた
鉄筋コンクリートのモダンな家は、
さぞかしまぶしく輝いて見えただろう。

古い一軒家を利用したお店

高級住宅地には古くて立派な家がたくさんあるが、古くなると取り壊されてしまうことが多い。たしかに古い家は冬寒い。地震に弱い。火事にも弱い。というわけで、最新式の住宅に建て替えられることが、特に東日本大震災後増えている。

建て替えるだけならいいが、庭の木が切られたり、広い敷地が分割されて、玄関の横はガレージしかない、味気ない住宅地になってしまうのが残念だ。

高級住宅地には、古い家が絶対に必要である。住宅地の歴史の証人として。心を癒すものとして。住むには不便な古い家も、お店にすれば使い途がある。そういう例をいくつか紹介する。

①弦巻茶屋
世田谷区弦巻2・18・2
フランス風、スペイン風、モロッコ風など多国籍料理店。

②カフェえんがわ
世田谷区玉川田園調布2・12・6
パテ屋と同じ敷地内の一軒家（といっても古民家ではなく元祖プレハブ住宅だが）の1階を改装。オーナーの家族、親戚が使っていたステレオやLPが置かれている。

③古桑庵
目黒区自由が丘1・24・23
和風古民家カフェの先駆け。古桑庵という名は夏目漱石の長女・筆子の婿である小説家の松岡譲さんがつけた。

④りげんどう　Re:gendo
杉並区松庵3・38・20
石見銀山の町で「田舎暮らしの中で見つけた文化、美しさ」を発信してきた群言堂が、石見の大工と石州左官の技をこの家に吹き込んでみたいと、古民家を使ってつくった店。食器、雑貨などを販売し、食事もできる。

⑤ビストロOJI
杉並区上荻2・24・18
レストラン。洋風の住宅で登録有形文化財でもある。

⑥夏椿
世田谷区桜3・6・20
ギャラリー。和風の陶磁器、ガラス器、古い照明、洋服などを売る。

⑦一欅庵
杉並区松庵2・8・22
築80年、宮大工がつくった登録有形文化財の住宅。ギャラリー、勉強会、食事会などに使われる。

第六章

桜新町、松陰神社、経堂、上北沢

世田谷の中心部を歩く

サザエさんの町

桜新町と言えばマンガ「サザエさん」の作者、長谷川町子が住んでいて、今は長谷川美術館があることで有名である。商店街もサザエさん通り商店街と改称し、街中にはアニメ「サザエさん」の登場人物の銅像や看板がそこかしこに立っている。波平さんの銅像から、頭の毛が抜かれたなどという事件も最近報道されたばかりである。駅前の不動産屋に花沢さん親子の看板が立っているのには笑った。

桜新町は、一九一三年（大正二年）から「新町分譲地」として分譲された住宅地であり、東京の西郊における最初の計画的住宅地と言われる。当初は「東京の軽井沢」とすら呼ばれたところである。

住宅地を開発したのは東京信託会社。街路に千数百本の桜の木が植えられたために、いつしか桜新町と呼ばれるようになったのである。

なるほど今もその名の通り、立派な桜並木が残っている。古い家はもうあまり多くないが、敷地はあまり分割されていないようであり、広い。高い赤松の木も多く、東端には呑川が流れており、その川沿いの並木もきれいに整備されている。

桜新町の桜並木

　また、住宅地のほぼ真ん中には、無原罪聖母宣教女会の教会があり、その庭は特別保護区となっており、年に何度かだけ中に入ることが出来る。たしかに、百年前は別荘地のようであっただろうと思わせる。一般の邸宅が相続時に庭を区に譲渡した形で整備された深沢の杜緑地もある。

「新町分譲地」に行くには、東急田園都市線桜新町駅を出て、駅南側のサザエさん通り商店街を南下する。しばらくするとY字路があり、分かれ目に桜新町交番が見える。この交番は、新町住宅地が分譲された最初からあったものである。Yの字を右手に進むと、長谷川美術館がある。そして玉川通りを越えて深沢八丁目、七丁目までの一帯が「新町分譲地」である（開発当時は駒

▲香川

▲無原罪聖母宣教女会

▲深沢の杜緑地

▲新町住宅地の邸宅

▲サザエさん一家の銅像

沢村深沢と玉川村下野毛飛び地)。

長谷川町子が九州から桜新町に引っ越してきたのは、一九三四年(昭和九年)のことであり、長谷川美術館よりも南の、住所はやはり深沢のほうだった。ちなみに、アニメ「サザエさん」の磯野家があるのは、駅の北側らしく、カツオとワカメが通っているのは弦巻三丁目の松丘小学校という設定だと新町の住人に聞いた。

軍人が多かった

さて、東京信託会社とは、一九〇二年(明治三六年)、三井銀行地所部長の岩崎一が個人経営で創設した会社であり、三井銀行の顧客、華族階級、一般資産家を対象にビジネスをしていたが、当初は社有の不動産が少なく、郊外住宅地の開発分譲がビジネスの大きな柱になっていたらしい(山岡、一九八七)。

第二章で述べたように、玉川電気鉄道沿線は理想の郊外住宅地として早くから注目されていた。最初は、多摩川の河原の砂利を運ぶ玉川砂利電気鉄道株式会社として一八九四年(明治二八年)に設立されたが、日露戦争のさなかで景気が落ち込み、また用地買収が思うように進まぬなど、事業は困難を極めていた。そこで東京信託が資金を出し、ようやく一九〇六年(明

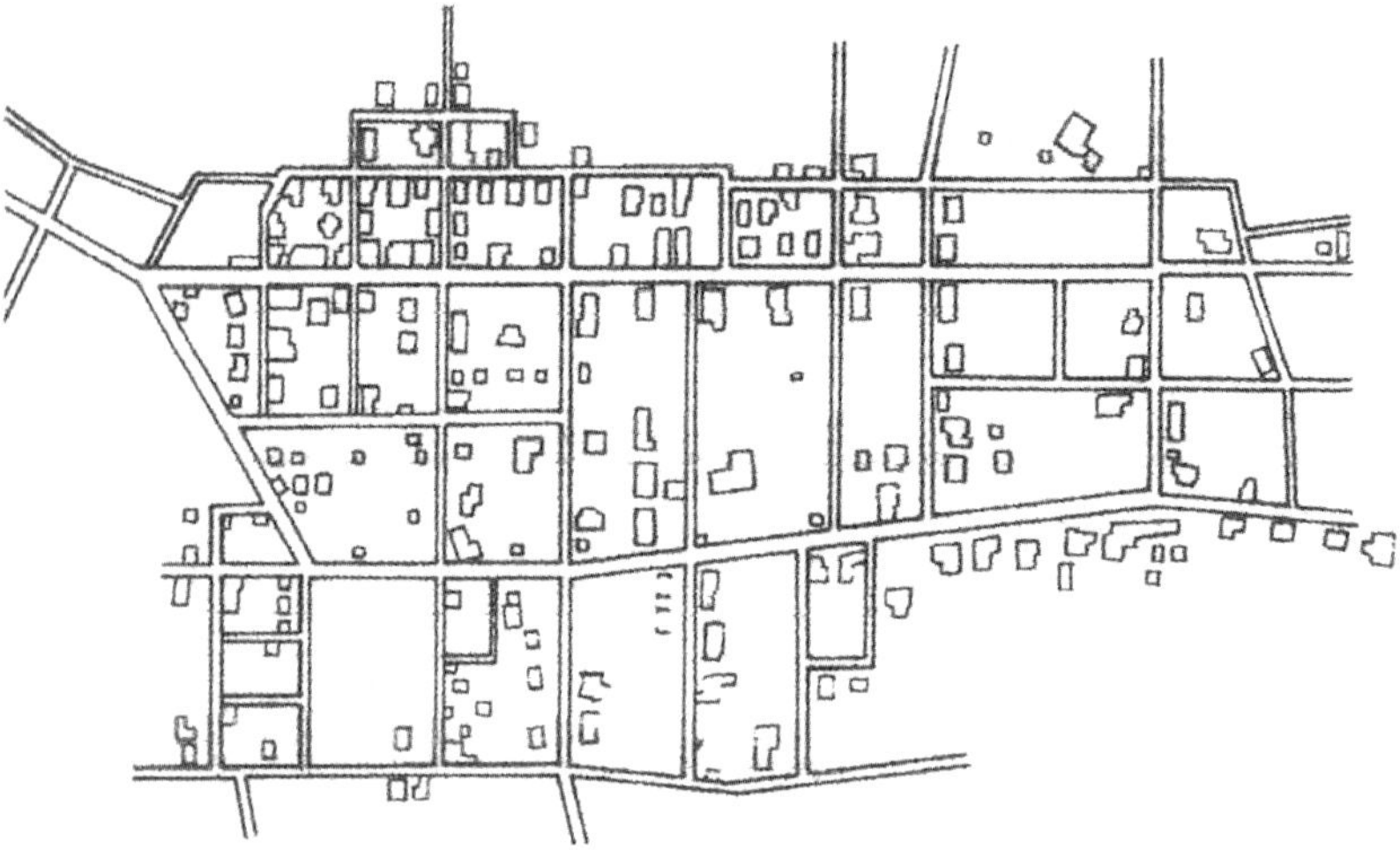

新町住宅地平面図（出所：山岡、1987）

治四〇年）に渋谷道玄坂―二子ノ渡（現・二子玉川）間が開通したのである。電車が開通すると、東京信託は住宅地の用地買収に乗り出した。

そこに、地元出身の東京府府会議員の谷岡慶治が登場する。地域発展を第一に考えていた谷岡は、最近世田谷方面が発展するのに駒沢が遅れているのは土地開発がないからだと主張し、地主に対して新町住宅地のために土地を売ることを求めたのである（菅沼、一九八〇）。

こうして、東京信託、玉川電気鉄道、谷岡慶治の三者が牽引役となり、新町住宅地が開発されることになった。東京信託は、住宅地に最初から電灯、電話を通じさせ、排水溝を施し、巡査駐在所、浴場、商店をつくり、新町住宅地の居住者の電車賃を割引し、また住宅地の入り口付近に駅を設置させ、駅名を「新町停車場」とするなど、積極的に新町住宅地の振興に努めた（山岡、菅沼）。

最初の分譲は一九一三年（大正二年）五月で、五十区画。第二回分譲は同年下期で、九十七区画。その後、大正中期頃まで少しずつ売れていったらしい。郊外住宅地というより別荘地のようであり、そのためか、サラリーマン層はまだあまり購入をしなかったようである（山岡）。住民に多かったのは軍人、特に海軍の軍人である（菅沼）。この点は先述した奥沢と似ているかも知れない。

当初この住宅地は「新開地」と呼ばれ、「会社内」とも呼ばれたという。東京信託の会社内という意味で、郊外住宅地というものがまだ珍しかったからか、手紙も「東京信託会社内　だれそれ」と書けば届いたという（菅沼）。

また、分譲当初から町内会組織として「新町親和会」が存在していた（現在は「桜新町親和会」）。この設立の背景には、第一に、東京信託に対する住民側の窓口組織をつくる必要があったこと、第二に、新開地だから自分たちの手で町を守らねばならないという自治意識、自衛意識、第三に、住民に軍人が多かったので、集団行動が得意、ということがあったのではないかと言われる（山岡）。住民自身によるまちづくりへの積極的な関与が、分譲から百年を経てもなお、この住宅地を美しく保つ原動力になっているのであろう。

それで思い出したが、先日あるニュータウンに取材に行き、町内会長さんにお話をうかがった。その町内が非常に団結力があると知人から聞いていたからである。なぜ団結力があるのかな、学生運動をした団塊世代が多いのかしらと思いながら話を聞いていると、どうやら大企業管理職と自衛隊員がいることが一因らしかった。大企業にも自衛隊にも団結力、組織力が必須だからであろう。

弦巻、上町、経堂

桜新町から北上すると、カツオとワカメの学校のある弦巻三丁目だが、その少し南の新町三丁目は、同潤会による駒沢分譲住宅地がつくられた場所である。そこに行く途中、少し東側に行くと、第二章の朝日新聞の広告でも触れられていた大きな給水塔が見える。

そこからまた北東に進んで、弦巻一丁目や上馬五丁目あたりには、やはり同潤会の松蔭分譲住宅地がつくられている。いずれも二十数戸の分譲であるが、今残っているのはそれぞれ二戸ほどである。

同潤会を見ながら北上すると世田谷通りがあり、松陰神社入口という信号を渡ると商店街がある。東急世田谷線松陰神社前駅、さらに松陰神社に至る商店街であるが、テレビの町歩き番組などでもしばしば登場する商店街であり、名物の和菓子屋などがあるほか、最近は新しいパ

尾澤医院（1929 年築）

ン屋、古い商店を改装したカフェなどもちらほらできている。新旧の店のミックス具合がほのぼのしていて楽しめる（一三四頁参照）。

ほのぼのと言えば、世田谷線自体がほのぼのしている。三軒茶屋と下高井戸を二両編成でとことこ走る。住宅地の中をバスのように走るので、スピードは出ない。駅間も三百メートルくらいしかない。そういう世田谷線に乗ると癒される。

松陰神社前駅から二駅の上町駅あたりにも、最近は新しい店がぽつぽつできている。古い住宅をほぼそのまま店舗にしている「夏椿」は、陶磁器、ガラス器などのギャラリー。「YOTSUHA」は手作りクッキーの店、「SODO」はオリジナルブレ

世田谷城址公園

ンドの豆を使った喫茶店だ。

また上町では、尾澤医院という一九二九年（昭和四年）に竣工した病院建築も見ることができる。先述した奥沢の「読書空間みかも」と同様、財団法人世田谷トラストまちづくりを通じて保全されているものだ。世田谷区が、新しさだけを追求するのではなく、古い物の良さ、自然の素晴らしさを生かしたまちづくりを進めているのはとてもすばらしいことである。

上町から世田谷線で一駅先が宮の坂駅。ここで降りれば世田谷城址《じょうし》公園、豪徳寺、世田谷八幡がある。豪徳寺付近は、中世に吉良氏が居城とした世田谷城があった。世田谷八幡は、源義家が祀《まつ》ったものと言われるが、後に世田谷城七代城主の吉良頼康が一五四六年（天文十五年）に社殿を再興させて発展させたという。

その次が山下駅。ここで小田急線の豪徳寺駅と乗り換えられる。豪徳寺駅前の松原大山通りは相当古そうで、微妙にカーブした具合が何とも心地よい。小田急線で一駅新宿方向に行くと梅ヶ丘駅。ここで降りれば羽根木公園がある。古くは「六次郎山」と呼ばれていたが、その後、根津財閥の所有地となったため、「根津山」と呼ばれた。一九五六年に都立公園として開園し、一九六五年に世田谷区立公園となった。公園とはいえ、かなり急な勾配のある山になっており、その斜面を利用した、子どものためのプレイパークが有名である。

豪徳寺駅から成城学園方面に一駅行くと経堂駅。駅北口からすずらん通りという商店街を歩く。この商店街もいい。松陰神社前商店街と同様、老舗の和菓子屋、古くからの金物屋、あるいは鯛焼きを売る店など、懐かしい商店街の中に、新しいカフェ、雑貨屋などがぽつぽつできている（一三二頁参照）。

十分ほど歩くと、左手に恵泉女学園があるが、その南側の一帯が同潤会経堂分譲住宅地である。二十軒ほど分譲されたが、今は二軒ほどが古いまま残っている。この

豪徳寺墓地

あたりには、同潤会以外にも、古い大きな木造家屋が二軒並んでいたり、洋風の古い家があったりするので、住宅地散歩のコースとしては悪くない。

すずらん通りをどんどん進んでいくと、通りは赤堤通りという名前に変わり、しばらく歩くと八幡山一丁目の信号がある。

信号を西に進むと環状八号線に出るが、そこを渡って北側に、蘆花《ろか》恒春園《こうしゅんえん》がある。小説家・徳富蘆花（徳富蘇峰の弟）の自宅跡を公園にしたところである。徳富蘆花夫妻が住んだ住宅も保存されている。

信号を北に行けば京王線の八幡山駅で、途中、大宅壮一文庫がある。第二章でも触れたジャーナリスト大宅壮一が収集した雑誌の図書館である。出版関係者なら一度ならず訪れるところだ。大宅文庫の東側の広大な敷地は都立松沢病院。病院の南端に将軍池公園が整備されている。

経堂の邸宅

松沢病院将軍池公園

肋骨状の街路

さらにその東側が上北沢三丁目だが、ここに、一九二四年（大正一三年）に第一上地建物会社が開発分譲した住宅地がある。京王線上北沢駅から南南西の方向に軸線となる街路が延び、そこが美しい桜並木になっている。そしてその街路を背骨のようにして、斜めの街路が肋骨のように左右に四本ずつ延びている。通称はやはり「肋骨道路」。ちょっと変わったデザインの街路空間である。

この住宅地は、第一土地建物会社が地主の鈴木左内から土地を買い取り、区画整理後宅地分譲したもので、最初は二百坪単位で分譲されたが、一九三五年（昭和一〇年）頃からは七十坪から百坪ほどに小さくなったという（世田谷区街並形成史研究会、一九九二）。また、第一土地建物会社による建売分譲住宅も十九軒あったら

第一土地建物会社分譲地の桜並木と住宅

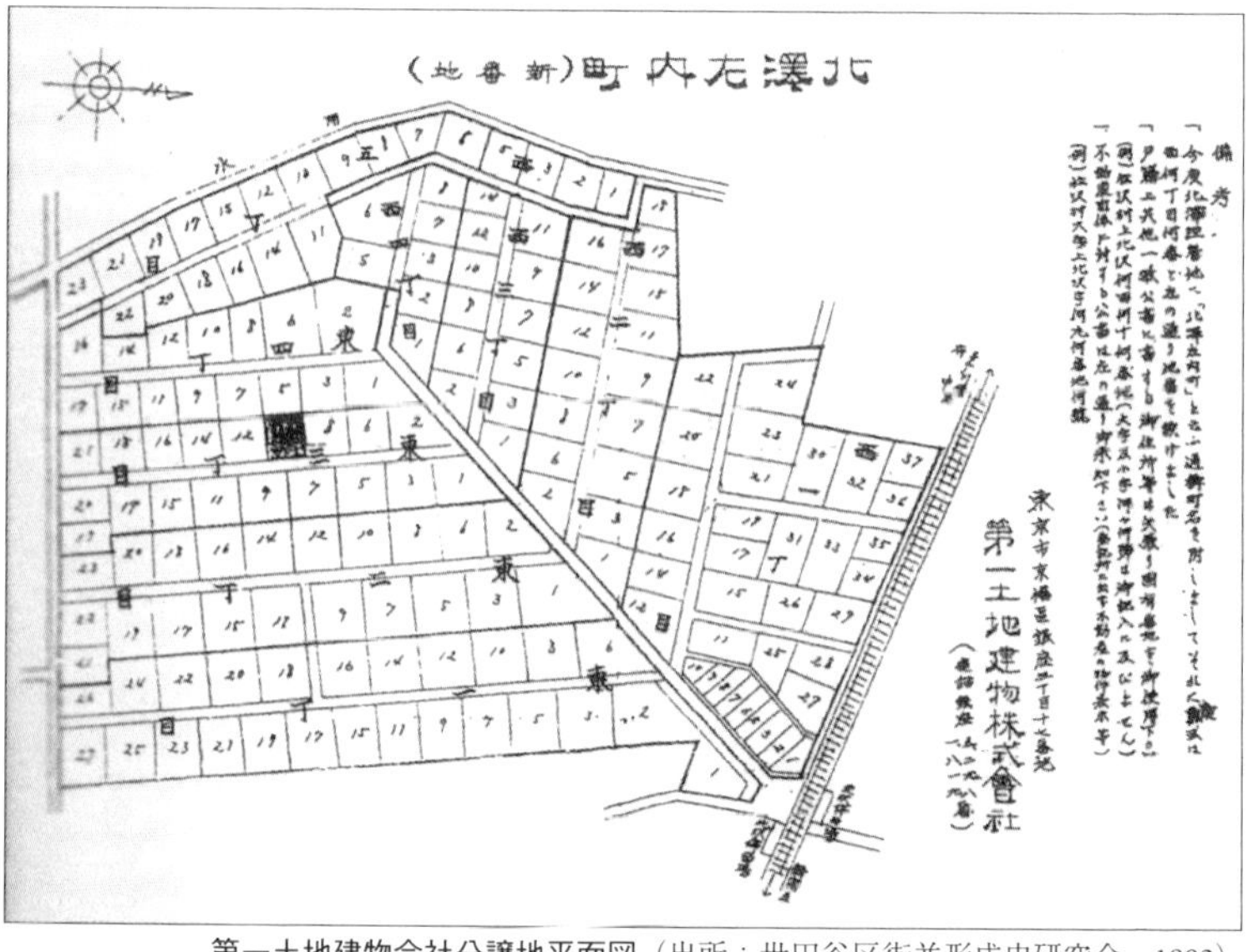

第一土地建物会社分譲地平面図（出所：世田谷区街並形成史研究会、1992）

しい。当初の居住者は、桜新町や奥沢と同様、軍人が多かったようである。同社の社長の知り合いに軍人が多かったためらしい。

第二章で見たように、大宅壮一は世田谷に増える新しいデザインの住宅を揶揄していたが、もしかすると上北沢の住宅地を見てそう思ったのかも知れぬ。

そういえば、私が二十代でパルコの社員だったころ、世田谷出身の増田通二社長が、世田谷あたりでは海軍の軍人がバタ臭い外観の家をよく建てたものだと言っていた。増田は、大宅壮一的な毒舌の冴えた人だったが、彼も大宅も、新しい住宅の外観そのものを批判しているというよりも、軍人が偉そうに洋風を気取っていることを暗に皮肉っていたのかも知れない。

〔名店、老舗、名物店〕

ナチュラル／プクゥー（天然酵母パン）　世田谷区世田谷二丁目四―二　一階がパン屋、二階がカフェ。イギリス風の店内。

YOTSUHA（手作りクッキー）　世田谷区世田谷二丁目二一―一二　子どもも安心して食べられる日常のおやつを提供するため、素材は限りなく無添加、保存料や香料は一切使用しない。

SODO（喫茶店、ギャラリー、雑貨）　世田谷区世田谷二丁目一四―三　地域に開かれた居心地のよさを目指す。

南薫堂珈琲（コーヒー豆店）　世田谷区世田谷二丁目六―四　自家焙煎のコーヒー豆店。試飲もできる。夏は水出しコロンビアフレンチがおいしい。

注：松陰神社前商店街、経堂すずらん通りの商店については一三二～一三五頁参照。

参考文献

菅沼元治『私たちの町　桜新町の歩み』東洋堂企画出版、一九八〇
山岡靖「東京の軽井沢」（山口廣編『郊外住宅地の系譜』鹿島出版会、一九八七、所収）
世田谷区街並形成史研究会『世田谷区まちなみ形成史』世田谷区都市整備部都市計画課、一九九二
世田谷区『ふるさと世田谷を語る　深沢・駒沢三～五丁目・新町・桜新町』一九九一

第七章

荻窪

歴史が動いた町

近衛文麿

異色の版画家として時代を超えて人気のある版画家・棟方志功。戦後論壇で大きな影響力を持った社会学者・清水幾太郎。経済学者として都市問題を研究した柴田徳衛。角川書店創業者・角川源義、夏目漱石論で芸術院賞を受賞した小宮豊隆。文芸評論家の河盛好蔵、本多顕彰。児童文学者・石井桃子。小説家・井伏鱒二、太宰治、石川淳。歌人・与謝野鉄幹、晶子夫妻。音楽評論家・大田黒元雄。将棋名人・大山康晴。弁士・徳川夢声。漫画家・田河水泡。社会党書記長・江田三郎。そして内閣総理大臣・近衛文麿。彼らはすべて荻窪の住人だった。

荻窪というと、全国的な知名度は高いほうだろう。だが、田園調布、成城ほど代表的な高級住宅地として有名なわけではない。吉祥寺や高円寺ほど今現在にぎわっているわけでもない。西荻窪駅周辺はアンティークの街として人気があるが、荻窪にはそんなセールスポイントはない。なんとなく、杉並区の中心かしらと思われているが、区役所は阿佐ヶ谷にある。そんなわけで、あまりテレビや雑誌で取り上げられることもない。取り上げられるとすれば、有名なラーメン屋が多いことである。だが実際は、これだけたくさんの政治家、文化人などが住んでいたのである。

ＪＲ荻窪駅の開設は古い。中央線の前身、甲武鉄道が開通したのが一八八九年（明治二二年）。最初に出来た駅は中野、武蔵境、国分寺、立川。翌年、日野、大久保、一八九一年（明治二四年）に荻窪駅ができた。高円寺、阿佐ヶ谷、西荻窪の各駅ができたのは一九二二年（大正一一年）のことだから、荻窪駅は相当古いほうなのだ。

荻窪に早く駅ができた理由は、青梅街道沿いに中島飛行機の工場があったからだろう。だが、住宅地としての発展は昭和以降である。住宅地となる前は別荘地であった。

帝国大学医学部教授・入澤達吉は、一九〇七年（明治四〇年）、善福寺川を見下ろす南斜面の高台に二万坪の土地を買い、四部屋ほどの小さな別邸を建て、「楓荻荘《ふうてき》」と名付けた。また「荻外凹処《てきがいおうしょ》」と呼ぶこともあった。

一九二五年（大正一四年）、入澤は帝大を定年退官すると、本宅を本郷から荻窪に移すことにした。新居の設計は伊東忠太。日本建築史における巨人、怪人である。伊東の妻は達吉の妻の妹という縁があった。そもそも本郷の本宅も伊東の設計であった。本郷の自宅には膨大な蔵書があり、哲学や文学の洋書を森鷗外が借りに来ることもしばしばあったという。入澤の恩師はドイツ人・ベルツ博士。大学で五歳上に鷗外がいた。だから、鷗外の死後、入澤は岩波書店から懇願されて、同じ荻窪の住人であった与謝野鉄幹とともに鷗外全集を監修したのである。

しかしこの蔵書は関東大震災で燃えてしまった。つまり入澤も、震災によって都心から郊外に移動してきた人々の一人であったのだ。

一九三七年(昭和一二年)、入澤は、自分は本邸に住むことになったので、楓荻荘を近衛文麿に譲った。近衛は肺が弱かったため、空気の良い西郊に別邸を求めていたのである。そして近衛はその家を「荻外荘」と名付けた。これは先述した入澤の「荻外凹処」から取られていると言われている。日本統制地図社の一九四一年の地図を見ると、入澤邸と近衛邸が並んでいるのがわかる。

荻外荘には、今も近衛文麿の表札がかかっている。荻窪駅南口を出てアメリカン・エクスプレス本社ビルを過ぎて最初の信号を右に曲がる。昔はこのあたりに路面電車の天沼駅があったようだ。右に曲がった道は、善福寺川を越えて、環状八号線を渡り、南荻窪を通って神明通りまで続く。この道が荻窪の軸線とも言うべき道であると私は考えている。

道を曲がってから十分ほど南に歩き、善福寺川に向かって下る坂になったあたりで左を見ると、鬱蒼として昼なお暗い屋敷が見える。それが荻外荘である。

近衛文麿の次男・近衛通隆はちょうど今年(二〇一二年)に亡くなった。しかも建国記念日の二月一一日である。

通隆がしばしば通った居酒屋・播州が荻窪駅近くにある。民芸調の落ち着いた店で、姉と弟で経営している。通隆とは彼らの父親の代からのつきあい。店に来るときはお付きの者と一緒で、支払いもお付きの者が行う。やんごとないお方は自分では財布を持たないのである。

児童文学と音楽と漫画と

荻外荘に到る道の途中にも、地主の家なのか、明治・大正の時代につくられたのかわからないが、大きな屋敷がいくつかあり、庭には見事な赤松が何本も立っていて、たしかにここは別荘地に適しているなあと往時を偲ぶことができる。

信号まで戻って道を曲がるとすぐに古い建物が見える。西郊ロッヂングである。下宿屋として一九一六年（大正五年）三月、東京都文京区本郷で創業したが、三一年（昭和六年）に荻窪に移転し「西郊ロッヂング」となった。さらに三八年には新館を増築し、本館が旅館「西郊」、新館が高級下宿洋館「西郊ロッヂング」となったのである。そして二〇〇一年（平成一三年）、新館は改築されて賃貸アパートになった。どちらも二〇〇九年に登録有形文化財に登録されている。

児童文学者の石井桃子の家もこの道の裏手にあった。石井が亡くなった今は、一九五八年に石井が、地域の子どもたちがくつろいで自由に本が読めるようにと願って始めた図書室「かつら文庫」として残っており、本の読み聞かせや貸出し、お母さんのための子どもの読書相談な

▲近衛文磨邸

▲西郊ロッヂング

▲荻窪の邸宅

▲角川源義邸（角川庭園・幻戯山房「すぎなみ詩歌館」として使用されている）

どの活動を行っている。かつら文庫の東には杉並区立中央図書館や公園があるが、この周辺は緑が多く、木陰で読書をしたら楽しそうである。戸建住宅を活用したギャラリーなどの文化施設もよく見かける。

この道沿いでひときわ目立つのが大田黒公園である。これは音楽評論家の大田黒元雄の二七〇〇坪の自邸を杉並区が公園にしたものであるが、大田黒の自邸も保存されているので、屋敷時代の様子をそのまま見ることができる。敷地は長方形で、公園の入り口を入っても六〇メートルくらい歩かないと自邸が見えない。庭には池もあり、池に面してはあずまやもあって、休憩もできるから、散歩コースとしては是非入れておきたいところだ。自邸の中に入ることもでき、広い洋室には大田黒が愛用したピアノや蓄音機が置かれている。

大田黒元雄は一八九三年（明治二七年）生まれ。大田区の山王に住んでいた。一九三三年（昭和八年）、父親が荻窪に土地を買ってくれたので、そこに移り住んだ。音楽家で文筆家でもある青柳いづみこのブログによれば、父親は実業家で、東芝を大企業に育て上げたり、九州電力の創設にかかわったりしたらしい（そういえば山王、正確には西大井には東芝会館もあった）。

大田黒は中学を卒業後、高等学校には進まずに東京音楽学校の教師ペッツオルトにピアノを習い、その後、一九一二年から一四年までロンドン大学で経済を学び、当時は数多くの音楽会やオペラに通ったという。しかし、夏休みで一時帰国しているあいだに第一次世界大戦が勃発

大田黒公園の入口の並木と木立に囲まれた自邸

したため、そのまま山王に滞在。銀座の山野楽器から作曲家の評伝の執筆を依頼されて、ロンドンで買い集めた資料を基に『バッハからシェーンベルヒ』という本を書き上げる。そのときまだ二二歳だった（青柳いづみこブログ『青柳いづみこのMERDE！日記』）。

青柳は、恩師・野村光一から一九六〇年代に大田黒の逸話を聞いたことがあるという。大田黒は野村より二歳年上なだけなのだが、大田黒はすでに伝説の人物だったそうなのだ。ある日、野村が銀座の山野楽器にピアノを買いに行った。そこに若い紳士が現れ、突如スタインウェイのグランドピアノに歩み寄るや、次から次に暗譜でショパンを始めとするさまざまな楽曲を弾き始めた。野村は度肝を抜かれ、楽器店の店員にそれが大田黒だと教えられ、山王の大田黒を訪ねるようになったという。荻窪に移ってからも親交があったようで、「大田黒さんというのはちょっと変わった人で、鬱蒼たる森の奥のものすごい豪邸に住んでいる。……でも、訪ねて行っても居留守を使われることが多い」と語ったらしい（同ブログ）。

漫画「のらくろ」の作者・田河水泡が住んだのは、道を隔てて荻外荘の反対側の旧・東荻町九一番地だ。一九三三年、三四歳で牛込加賀町から引っ越し、三〇坪の建売住宅を買った。土地は借地だった。加賀町では借家で家賃が月五〇円もしたので、それなら買ったほうがいいと、弟子に相談したら、荻窪の家を探してきてくれたのだという。平屋だったが、総檜《ひのき》造りが自慢の家だった。隣は版画家の恩地孝四郎の家だった。

また、田河は一九二七年に東中野に住んでいたが、そこで隣の家に住んでいた女性と結婚した。妻は批評の神様・小林秀雄の妹だった！　昔の人の結婚はなんだか早い。隣にかわいい女性がいれば結婚する。いい話だ。

一九三五年、ある少女が田河の門をたたいた。一五歳の少女で、山脇高等女学校の生徒だった。絵を描かせるととてもうまい。田河は彼女のアイデアと画才を高く買って、少女雑誌などに彼女を紹介した。彼女は山脇を卒業すると田河の家に内弟子に入った。彼女の名は長谷川町子。桜新町の家から来たのである。

一九四〇年、田河は東荻町八七番地に引っ越した。恩地孝四郎の家の隣だった。つまり二軒先ということだ。今度は二〇〇坪の土地で、坪四〇円だった。田河は運動不足を解消しようと、庭いじりができる広い土地を求めたのだった。花壇をつくり、チューリップをいっぱいに植えて、道行く人からお花畑と呼ばれた。また、花を取って玄関先に置き、「どなたでも、花を愛して下さる方、お持ち下さい」と書いた。戦争が激しくなり、暗くなっていく世相への、のらくろ一等兵の抵抗であった。

与謝野鉄幹・晶子の家

西郊ロッヂングから大田黒公園を経て荻外荘に到る道は、先述したように、そのまま下っていくと、善福寺川を越える。そこからまた上っていくと、環状八号線に突き当たり、それを渡ると南荻窪である。南荻窪に入って、ちょっと歩いて右手に折れると与謝野公園がある。

入澤達吉とともに鷗外全集を監修した与謝野鉄幹の家は現在の南荻窪四丁目にあった。鉄幹・晶子夫妻が麹町の富士見町から荻窪に引っ越してきたのは、やはり関東大震災後の一九二四年である。夫妻には十一人の子どもがいた。親交のあった入澤の薦めもあり、荻窪に七百坪の土地を借り、「采花荘《さいかそう》」という家を建て、まず長男と次男を住まわせた。一九二七年には、晶子みずからが図面を引き、西村伊作が設計した家を建て、家族全員が転居してきた。西村は、

与謝野晶子と鉄幹　荻窪の自宅の前で
写真：堺市（与謝野晶子文芸館）蔵

文化学院を創設（与謝野夫妻も協力）した教育者であり、建築家でもあった。二〇世紀初頭から一九三〇年代にかけて多くの作品を残した。東京にある住宅としては、阿佐ヶ谷の自邸、文京区の佐藤春夫邸などがある。本書一三六頁、中段の家も西村による設計である。

与謝野邸はクリーム色の壁、赤い屋根、緑色の窓の鎧戸という、ちょうど本書の表紙の絵のような洋風の家であった。二階から秩父、箱根、富士が見えたので「遙青書屋《ようせいしょおく》」と鉄幹は名付けた。女中部屋や納戸を含めると二〇室もあり、延べ床面積二〇〇平米以上あったという。屋上には物見台があり「鶯峴台《おうけんだい》」と名付けられていた。

さらに昭和四年には、晶子の五〇歳の誕生祝いに弟子たちが小さな家を建ててくれた。

▲与謝野公園

南荻窪の邸宅

六畳と三畳の二室からなり、書斎や茶室として使われた。この家は「冬柏亭《とうはくてい》」と名付けられたが、今は京都・鞍馬に移築されて保存されている。一九三一年（昭和五年）、鉄幹は雑誌「冬柏」を創刊している。冬柏とは鉄幹の好きな椿のことである。

残念ながらあとの二棟はすでにない。一九三五年に鉄幹、四二年に晶子が没した後、いくつかの家族がここに住み、銀行の独身寮になったこともあるという。一九八〇年頃杉並区が購入し、八二年に南荻窪中央公園として開園したが、二〇一二年に再整備されて与謝野公園として開園した。

これには、地元の荻窪川南共栄会商店街の会長で、小泉ふとん店の店主が力を発揮した。店主は、与謝野夫妻の家があったことが地元ですら忘れられていることを危惧し、また、与謝野夫妻の記憶を残し、かつ町おこしにもつなげたいと、二〇〇七年、商店街に晶子の碑を置き、街灯五十数本に夫妻の顔をあしらった旗を下げた。会長の店には写真を展示して、与謝野晶子サロンを開設し、署名を三千人集めて、ついに南荻窪中央公園を与謝野公園に名称変更したのである。

荻窪環状線

さて、荻窪駅の北は、以前は駅と青梅街道の間に無数の店舗があり、闇市のような雰囲気であったが、三〇年ほど前にタウンセブンというショッピングセンターができて以来、再開発が今も進んでいる。

青梅街道を越えると、天沼という地名。その北側、天沼本通り、あるいは日大二高通りの北が本天沼、あるいは清水である。また、商店街としては、先述した教会通りと天沼八幡通りという二つがある。

この天沼本通り、日大二高通りという通りを、私は荻窪環状線と呼んでいる。この道は、早稲田通りを阿佐谷北から分岐し（分岐点に庚申塚がある）、そのままゆったりと弧を描いて、青梅街道と交わる。それを過ぎると、環状八号線の西側を再び弧を描いて走り、中央線のガード下をくぐり、南荻窪でさきほどの荻外荘前の通りと交わり、再び環状八号線と交わって、神明通りと結合。神明通りを東進すれば大宮八幡に到る（一八一頁図）。だから、正確には環状線ではなく、半円分しかない。何か意味があって弧を描いているのではないかと思っているのだが、この道が一体いつからあるか、まだ調べていない。

神田川の支流である桃園川の水源は天沼弁天池公園の弁天池だと言われている。天沼という地名からわかるように、この弁天池から東に向かっては低地であり、そういう土地だから、荻窪駅南口の高燥な空気感は北口にはやや欠けていると言えるだろう。暗渠は、わずかに蛇行しながら阿佐ヶ谷方面に向かっている。

昔は桃園川の水流が少なく、農業に不足したため、一七〇七年（宝永四年）、現在の練馬区関町南付近で千川上水からの分水を受けていた。ところが、これが大雨でしばしばあふれ、毎年床下浸水くらいはあった。この水害を解決しようと、一九三一年、地主の朝倉三郎が有志五十人ほどと共に区画整理を始めた。その事業の完成を記念した石碑が現在の天沼一丁目三七番地に立っている。

井伏鱒二が荻窪に住み始めたのは一九二七年、現在の清水一丁目だ。『荻窪風土記』によれば、当時は、夜になれば、井伏邸から東京湾の船の汽笛の音が聞こえたというから、昔の東京は本当に静かだったのだ。

区画整理完成記念碑

太宰治

太宰治は、一九三三年、芝白金から現在の本天沼二丁目の稲荷神社の近くに来た。白金時代と同じく、同郷の先輩夫婦と太宰夫婦で同居した。今風に言えばシェアハウスだが、夫婦二組でのシェアとは珍しい。

その後すぐに夫婦二組はまた引っ越し。今度は青梅街道のすぐ北側、天沼一丁目一三六番地、現・天沼三丁目である。ここに引っ越したのは、太宰が私淑する井伏の家に近かったことと、井伏の家で知り合った友人も界隈に多かったことがあるらしい。友人の一人、伊馬鵜平は、やはり天沼に住んでいたが、隣は徳川夢声の家だった。徳川の家は天沼一丁目一三八番地！

こうして見ると、昭和初期の荻窪界隈は、町全体が大きなシェアハウスか、学生寮か、下宿屋のような感じで、ちょっと歩けば先生もいれば、友人もいて、ちょっと誘って飲み歩き、議論を交わすことができたのだなと思える。古きよき時代と言うべきか。

ちなみに徳川夢声は一九二四年から二五年まで万世橋のシネマパレスで弁士をしていたが、同年夏からは新宿の武蔵野館で弁士をすることになった。その頃徳川は大井町の借家にいたが、品川で乗り換えて新宿まで行くのが面倒だと思った。それを聞いた義弟が、ちょうど分譲

▲碧雲荘

▲天沼の銭湯

天沼方面には古い邸宅が多い

住宅の仕事をしていたので、徳川に阿佐ヶ谷の分譲住宅を紹介した。しかしこれは駅から遠い。すると義弟は荻窪の分譲住宅を紹介した。「荻窪なんて八王子の手前で、そんな草深いところへ行けるか、やなこった」と思いながらも、しぶしぶ出かけた。すると今度は駅の真ん前である。公設市場もすぐ近くにある。そこで一七〇坪の分譲住宅を坪四二円で買い、一九二六年の暮れに引っ越した。当時はまわりじゅうが原っぱだったという。青梅街道沿いにビルが建ち並び、その裏手もごちゃごちゃとしている今からは、そこが分譲住宅地だったとは、まったく想像できない。

太宰に話を戻すと、太宰は一九三五年四月に盲腸炎で阿佐ヶ谷で入院、その後経堂、江古田、赤羽、また江古田の病院と転々としている。本書が取り扱う地域を転々としているようで、なんだか不思議である。自宅も荻窪から船橋に引っ越したり、群馬県の温泉に療養に行ったり、また荻窪に戻ったりしている。一九三六年に戻って住んだのは天沼一丁目二三八番地の碧雲荘。現在の荻窪税務署の横だ。今そこには古い木造建築があり、これが碧雲荘かと思って調べてみると、まさにそうだった。ただし今は碧雲荘とは名乗っていないようである。ここに太宰が住んだのだ。しかしここに住んでいたとき、夫人と心中事件を起こし、その後離婚したという。

それから、井伏邸のあった現・清水一丁目から二丁目、また東側の本天沼三丁目、西側の桃井一丁目、二丁目といったあたりは、界隈の地主である井口家、内田家などの邸宅も多い。また、昭和初期につくられたとおぼしき木造の古い家が数多く残っている。それらの中に、同潤会勤め人向け分譲住宅もあるはずだ。

おそらく荻窪の分譲住宅は、天沼中学校の北北東の一角だと思う。一軒だけ同潤会らしき家が残っている。もうひとつ、阿佐ヶ谷の分譲住宅は、現在の本天沼二丁目にあったはずだが、場所がどうしてもわからなかった。もしかするとすでにないかもしれない。

荻窪駅界隈在住著名人（大正から昭和39年頃まで）

秋永芳郎	航空文学作家
秋村童二	児童文学作家
秋山長造	政治家／社会党
阿具根登	政治家／炭坑／労組組合
阿部真之助	政治評論家／ジャーナリスト／NHK会長
石井桃子	児童文学作家
石川淳	作家
石森延男	児童文学作家／国語教育学者
伊藤信吉	詩壇評論家
伊藤保次郎	東北開発会社総裁
井上康文、淑子	歌人
井伏鱒二	作家
今岡十一郎	ハンガリー文学研究家
今村五郎	日本麦酒常務取締役
入澤達吉	帝国大学医学部教授
上林暁	改造社編集員／私小説作家
内田常雄	政治家／自民党
江田三郎	政治家／社会党
大田黒元雄	音楽評論家
大西定彦	日立製作所副社長
大場宙太郎	歌人／日本カーバイト工業常務
大山康晴	将棋名人
岡稔	ソビエト文学
小野忍	中国文学／東大教授
恩地孝四郎、三保子	父＝版画家、娘＝英文学者
片山敏彦	独文学者
加藤武	俳優
角川源義	国文学者／角川書店店主
神山裕一	歌人／実業之日本取締役
河盛好蔵	大学教授／文芸評論家
北村大栄	北村朧々(児童文学)／日の丸幼稚園

松坂茂夫	中国文学／都立大教授
真山美保	女優／劇作家真山青果の娘
三浦政雄	三菱製鋼社長／陸奥製鉄社長
三谷十糸子、青子	日本画家
三宅徳嘉	仏文学者
宮下為治	大和毛織会長
棟方志功	版画家
森本治吉	国文学者／駒大教授
安成二郎	サンデー毎日編集長／小説／短歌
山本善次	北陸電力顧問
山屋三郎	英文学者／法大教授
横沢三郎	国文学者／東京芸大教授
与謝野晶子	歌人
吉田孝雄	富士重工社長／航空機輸出懇談会長
吉田正俊	歌人／いすゞ自動車常務
渡辺淳	仏文学者
渡辺錠太郎	台湾軍司令官／陸軍中将

資料：東京新聞「東京沿線ものがたり」
1964年より三浦展作成

君島茂	児童文学／医師
小糸のぶ	作家
小菅丹治	伊勢丹三代目
近衛文麿	内閣総理大臣
小牧正英	小牧バレエ団
太刀川瑠璃子	〃
小宮豊隆	東京音楽学校校長／独文学者／文芸評論家
斎藤一寛	仏文学者／早大教授
佐々木義武	政治家／自民党／初代原子力局長
志賀健次郎	政治家／全防衛庁長官
重山規子	踊り子
篠田桃紅	前衛書道家
柴田徳衛	経済学者
清水彰	俳優／帝国劇
清水幾太郎	社会学者
鈴木謙一郎	英文学者／翻訳家
須磨弥吉郎	外交官／政治家
関英雄	作家／評論家
瀬戸山三男	政治家／自民党副幹事長
田河水泡	漫画家
太宰治	作家
堤真佐子	女優
鶴園哲夫	政治家／全農林
徳川夢声	活動弁士／作家
富狭工	大和生命取締役
新倉向文	大和自動車社長
橋下明治	日本画家
畠山芳雄	日本能率協会理事／経営コンサルタント
花崎利義	随筆家／住友海上火災保険会長／歌人
檜山繁樹	英文学者／共立女子大教授
本多顕彰	文芸評論家

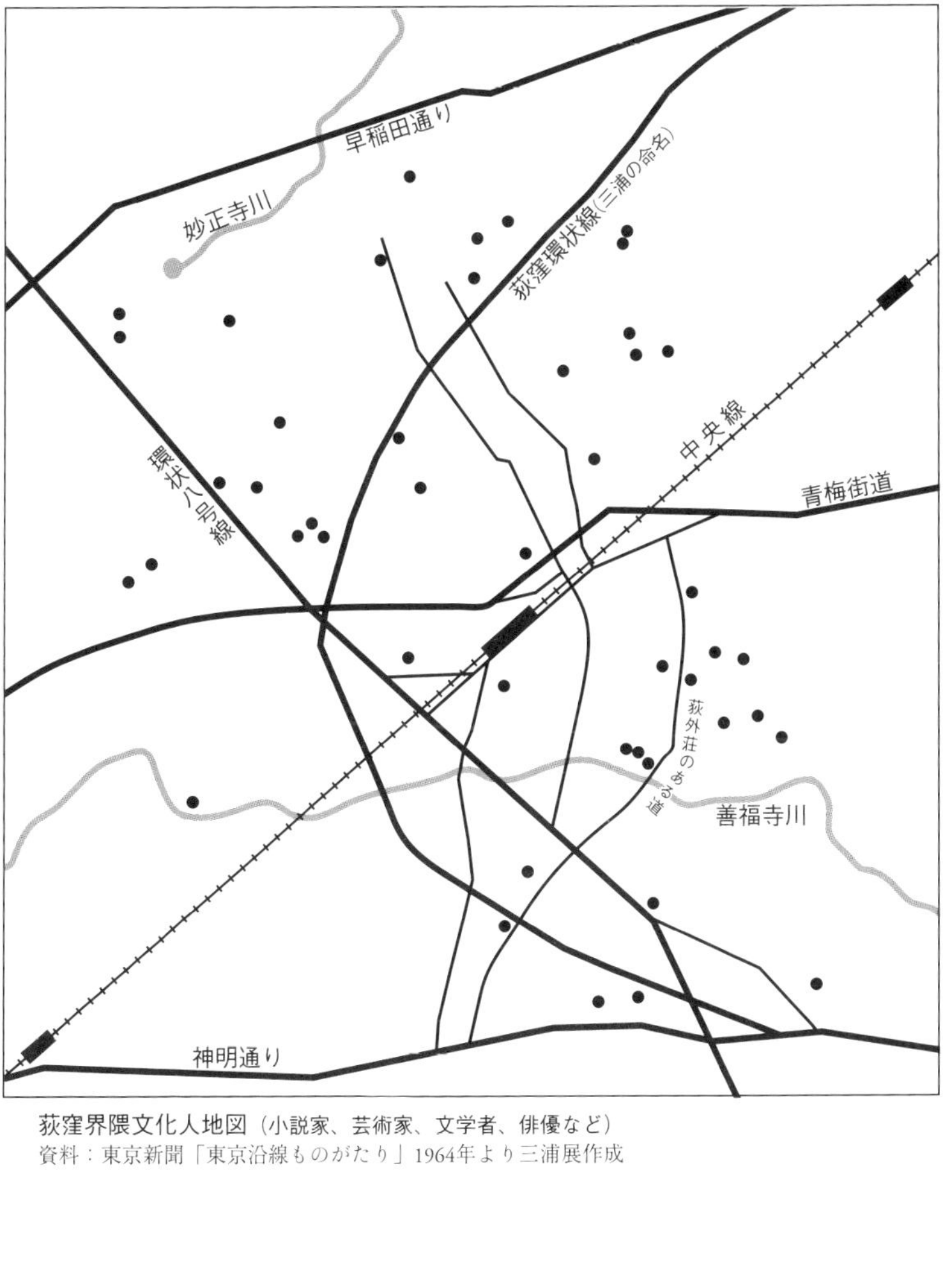

荻窪界隈文化人地図（小説家、芸術家、文学者、俳優など）
資料：東京新聞「東京沿線ものがたり」1964年より三浦展作成

〔名店、老舗、名物店〕

播州（居酒屋、割烹・小料理）　杉並区荻窪四丁目三一―一二　民芸調の店内は落ち着いた雰囲気。丁寧な料理を味わえる。

春木屋（ラーメン）　東京都杉並区上荻一丁目四―六　これ以上はないほど極められた江戸前の味。ワンタン麺が一押し。夏はつけ麺もまた絶妙。休日は行列必至。

トマト（カレーとシチュー）　杉並区荻窪五丁目二〇―七　吉田ビル一階　ものすごい数のスパイスをブレンドした薫り高い欧風カレー。昼も夜も行列。料理がなくなり次第閉店なので早めに行くのがよい。

北京遊膳（中華料理）　杉並区荻窪五丁目二四―七　すばらしくおいしい。ふわふわのかに玉、鯛の甘酢などが私のおすすめ。

邪宗門（喫茶店）　杉並区上荻一丁目六―一一　奇術界の重鎮である店主による経営。夫人がいつも着物でお店に出る。

もみぢ（居酒屋、スッポン料理）　杉並区荻窪二丁目二四―一〇　古い、汚い、うまい、安い店の典型。安価でスッポン料理やふぐが食べられる。スッポンうどんは四〇〇円。スープの中にスッポンの頭が入っていることもある。ぎんなんは善福寺公園で拾ったもの。地産地消である。主人は登山家。つまり料理は山小屋料理風と言うべきか。

包丁処・藤（魚料理）　杉並区上荻二丁目四―一六　無愛想だが、うまい、安い店の典型。アジフライは注文を受けてから、さばき、揚げる。うまいはずだ。

参考文献

東京新聞連載「東京沿線ものがたり」一九六四年

第八章 常盤台

軍人がいなかった住宅地

手づくり感がある

常盤台住宅地は東武東上線ときわ台駅北口にある。そこに有名な住宅地があることを知る前から、私はときわ台駅には何度も行ったことがある。二〇代の時、編集していた雑誌の印刷会社があって、年に一度は出張校正に出かけることがあったからだ。

住宅地の中に印刷会社？　と、いぶかしく思われるだろうが、印刷会社のあったのは板橋区前野町であり、住宅地より北側である。前野町のあたりは軍需産業の工場地帯であり、それで印刷会社もそこにあったのである。

前野町は昔、地元の人からは「前野っ原」と呼ばれており、大正時代には志村前野町となった。東武鉄道に買収される以前は民間の飛行場として使われていたという（和田、一九八七）。それが昭和に入り工場地帯になっていくのである。

私が若い頃、印刷はまだほとんどコンピュータ化されていなかった。さすがに雑誌だったから、印刷は活版印刷ではなくオフセット印刷だったので、手書きの原稿を文選工が読んで、鉛の活字を配列するという作業はなくなっていたが（単行本ではまだそういう作業もあった）、原稿は手書きだった。

ワープロが導入されるのは一九八〇年代末であって、ワープロで打った場合でも、フロッピーディスクをそのまま入稿するのではなく、あくまで印刷した原稿を写植屋が読みながら電算写植機（つまり業務用ワープロ）で打って版下をつくる。そこだけコンピュータ化らしき動きがあったものの、それ以外は、職人技の世界であった。グラフもわれわれ編集者が方眼紙に定規を使って書き、それを写植屋がまた専用のペンで書き直したのである。地図も自分で書いた。既存の地図にトレーシングペーパーをかぶせて、必要な道路や鉄道や建物などを書き写す。そこに自分でまた情報を書き加える。それをまた写植屋が書き直した。思えば膨大な作業である。今はもう面倒くさくて、できないな。

今は、筆者自身がワープロを打つ。それをオペレータという人がコンピュータ内で版下に当たるものをつくる。グラフも専用のソフトで作成する。そして文章と図表をレイアウトして、紙に印刷したものを校正する。だから編集者が、筆者の手書きの原稿を読むという作業がなくなった。手書き時代だと、字の汚い筆者の字を直す必要もあったから、編集者は今よりきちんと原稿を読んだ。それから写植屋に渡したのである。

ところがワープロ時代になると、昔ならフロッピーディスク、今はもう電子メールで原稿を送ればいいだけである。しかし、おかしなもので、ワープロで打った原稿をプリンターで印刷したものは、あまりまじめに読む気がしない。まして画面上ではますます読む気になれない。

だから、昨今の編集者は、原稿は読まずに、オペレータがレイアウトしたあとに出てきたゲラになってから読むことが多いようである。そのため、筆者が誤字を打つと、ゲラでも誤字のまま出て来る。最後まで誤字に気づかず本になってしまうことも多い。ワープロ時代になってから誤字が増えたと思う。

グラフも、コンピュータがつくれるグラフには限界がある。工夫ができない。若い頃、手書きでグラフを書いたり、地図を書いたりしたのが懐かしい。あの原稿を保存しておくべきであった。すべてシュレッダーにかけてしまったが。

住宅地と関係のないことを書き連ねたが、実は、住宅地づくりも、雑誌づくり、本づくりも似たようなところがあって、今のものはどこか淡泊で、画一的で、工夫がない。だが、昔のものには手づくりの味がある。

住宅地で言えば、街路のデザイン、住宅の設計図の線一本一本が手で書かれていた時代と、コンピュータで設計してしまう今とでは、やはりどうもどこか味わいが違ってくるように思えてならない。それは自動車のデザインでもそうである。昔の自動車のデザインのほうが今より個性的であったのは、人が手でデザインしたからだろう。もちろん今は、燃費を良くする、人にぶつかっても大けがをさせないデザインにしなくてはならないなどの、さまざまな制約があるから、それらの条件を満たした自動車をデザインするには、どうしてもコンピュータに頼らざるを得ない。結果、世界中の自動車のデザインが似てきてしまった。どんな自動車も同じような条件を満たさないといけないからである。

戦後開発されたニュータウンの住宅地と、戦前の住宅地の違いも、そういうところにある。戦後の住宅地は、大量に戸数が供給される必要があったから、どうしても同じデザインの家をただ並べるだけになりがちだった。だから、どこの住宅地のデザインも同じであり、住宅のデザインももちろん同じということになった。

戦前の住宅にも一定の規格があるが、大量生産品ではないし、設計者が、新しい住宅をつくろうという意欲に満ちていたから、今よりは個性的な家があった。住宅地も、田園調布のようにしっかりと街路がデザインされたところもあれば、成城のように比較的シンプルにデザインされたところもあるなどいろいろであり、それが街ごとの個性を生んでいると思う。手づくり感があると言ってもよい。

複雑な街路

常盤台住宅地は、東武鉄道が開発した住宅地である。池袋から東武東上線で五駅目。駅舎も古い。一九三五年（昭和一〇年）に駅が設置されているが、その当時からの部分もかなり残っていそうである（当初は武蔵常盤駅）。壁の石の組み方もなかなか凝っており、駅の屋根を支える鉄柱もうまくデザインされている。

駅前はロータリーになっており、真ん中には植樹がされていて、ヒマラヤスギなどが大きく育っている。ただし、駅前の商店は無計画に誘致されているようであり、看板がけばけばしい。

地図を見ると、常盤台一丁目と二丁目の間を駅前からまっすぐな街路が貫いており、常盤台一丁目から二丁目側には少しゆがんだ楕円というか、石けんのような形の街路（プロムナードと呼ばれる）がある。田園調布の同心円状の街路は半円を描くだけで終わっているが、常盤台のプロムナードは住宅地を一周している（ただし北東部は未完成なので完全な一周ではないが）。その街路には街路樹があるが、この街路樹も少し変わっていて、街路の両脇にではなく、真ん中にある。これは道幅が狭かったため、両脇には街路樹を植えることができなかったためだという。

また、プロムナードに対して斜めに交わる街路があり、さらに、小さな円形を描いた街路が二つあるが、この円形の街路が後述する有名なクルドサックだ。それから、常盤台二丁目の南側は石神井川が流れており、当然ながら、常盤台住宅地から川に向かっては坂になっている。

プロムナードの南東には帝都幼稚園がある。いかにも戦前からあるらしい名前だが、実際、常盤台住宅地の分譲当初からある幼稚園である。本来は、四年制の帝都学園女学校が一九三七年に開校し、四二年には五年制の高等女学校に昇格したのだが、戦後まもなく火事で焼け、

中央に街路樹のあるプロムナード

プロムナードのカーブ

レトロな雰囲気のときわ台駅構内

ときわ台駅前のロータリー

帝都幼稚園

五一年に廃校となった。この帝都学園高等女学校の流れをくむのが帝都幼稚園である。黄緑色のペンキを塗られた木造下見板張りの園舎が、とても懐かしい雰囲気だ。

　このように、常盤台住宅地は、石神井川沿いの高台の上にできた、ちょっと複雑な街路構成の住宅地である。田園調布は、先述したように、放射状と同心円状の街路のために、土地が変形になり、販売しにくいと言われたが、その点は常盤台住宅地も同じではないだろうか。しかし、一見売りにくい変形な土地だからこそ、美的には楽しいものになるのだ。

若者がつくった

こんな複雑な街路の住宅地がどうしてできたのか。

常盤台住宅地は、一九三五年にときわ台駅が開設されると、翌三六年に分譲開始された。設計は、一九三四年に東京帝国大学建築学科を卒業し、内務省官房都市計画課に配属されたばかりの小宮賢一だった。

ある日、上司に呼ばれて、図面を渡され、これを好きなように書き直してみろと命じられた。それが常盤台住宅地だった。それまでの図面が碁盤の目状の平凡なものだったので、若い小宮に書き直させて、それをたたき台にしてもっと別の設計案を出させるのが上司のもくろみだったらしい。ところが、小宮の案がそのまま実現することになった。東武鉄道側が小宮の案を気に入ったらしかった。

都市計画研究者の越沢明は、「常盤台の特徴は曲線を多用した街路パターンであ」り、それは「日本の宅地開発の中ではきわめて珍しい事例である」とし、田園調布、成城学園、常盤台を「超える高級住宅地は今日、首都圏を見渡してもなかなか存在しない。この中で都市設計、都市デザインの観点からみて最も美しく、優美にデザインされた住宅地は常盤台である」と書いている（越沢、一九九二）。

たしかに、実際に常盤台住宅地を歩いてみると、他の住宅地には例を見ない複雑で多様な街路、個性的なプロムナード、成城に勝るとも劣らぬ庭の植栽の豊富さ、分譲当初からあるとおぼしき木造住宅の残存度など、昭和初期につくられた住宅地としての古き良き雰囲気を今も十分に感じさせる。

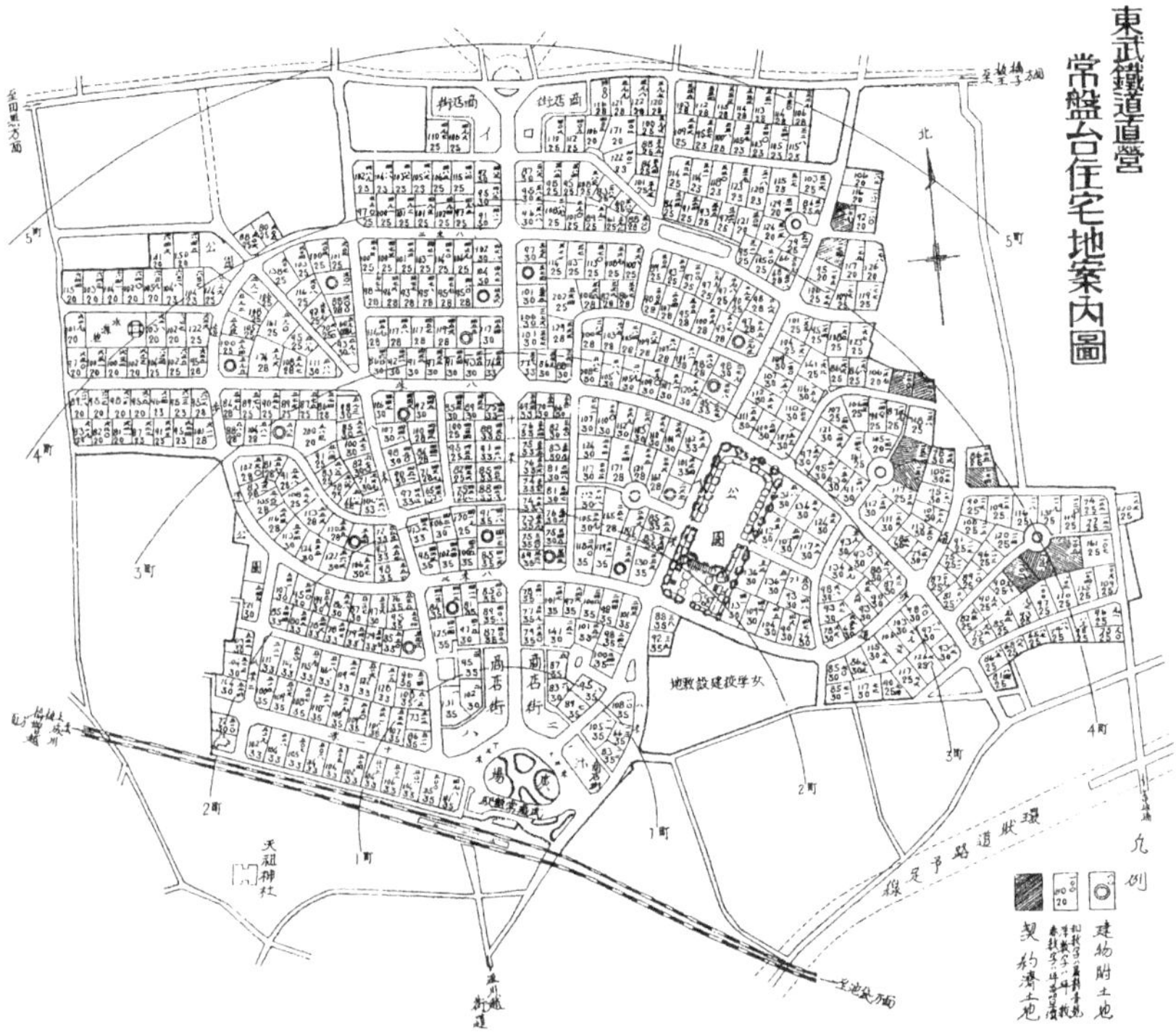

常盤台住宅地計画図（1936年）

また、先述したクルドサックは、袋小路などとも訳されるが、要するに、道を入ってくると、円を描いて一周し、また入ってきた道に戻るという形の道路を指す。円のまわりには住宅が配置され、円の中心には植栽がされるので、住宅から見るとその円が庭のように感じられる。もちろん、クルドサックにすると、住民以外の人や自動車が通り過ぎないので、静かである。

私の住む西荻窪にも一ヶ所だけクルドサックがある。クルドサックの近くには戦前に建てられた、とてもすばらしいデザインの住宅

クルドサック

クルドサックへの路地

が今も残っており、おそらくこの土地の地主か土地を買ったデベロッパーかが、何戸かの土地あるいは家を分譲するに際して、クルドサックのある街並みをつくってみたのではないかと推測する。クルドサックは、戦前、小さな流行になったのであろうか。

常盤台に話を戻すと、このクルドサックが、実は完全に閉じていない。自動車が入ってこられる道路とは反対側に、人間二人がやっとすれ違えるくらいの路地があるのである。この小さな路地が、いわばバイパスの役割を果たす。クルドサックの向こう側に住んでいる住民は、徒歩であれば、路地を経由してクルドサックを通り、さらに主要な街路に向かうことができるのである。

健康住宅地

また、数カ所あるクルドサックのひとつは、クルドサックに入る道路の反対側が常盤台公園になっており、さらに公園の中には板橋区立図書館が設置されている。常盤台公園は広めの公園なので、公園からクルドサックの植栽までが一体となって、住宅地全体に安らぎの場所を与えている。公園については、プロムナード沿いに二ヶ所小公園があり、各戸の庭と相まって、緑豊かな住宅地であることを実感させる。

このような緑豊かな住宅地を創造してきたのは、常盤台住宅地のコンセプトが「健康」にあったことによる。もちろん、他の住宅地もそうであるが、常盤台住宅地においては、その分譲パンフレットに「東武直営　健康住宅地」と銘打っているほどである。

パンフレットは、「常盤台はどんな処か、なぜよいか？　省線池袋駅より川越を経て　荒川の上流寄居《よりい》に至る弊社東上線の沿線は　土地起伏に富み大小の樹木到る処に生い繁り　自ら健康住宅地としての天分を持って居り　今日迄此の方面に見るべき住宅地が現れませんでしたのは　全くの不思議の感が致します。弊社は此の恵まれた大自然の風致を生かし　理想的な設計に従い住宅地の選定に腐心して居られる皆様に自信を以て御奨め出来る健康住宅地を経営し沿線開発の魁《さきがけ》とならせる様　計画し出来上がりましたのが　本常盤台住宅地であります。」と、豊かな自然の中に出来た健康な田園郊外ぶりを宣伝している（板橋区、一九九九）。

また、パンフレットにはこうも書いてある。

「当住宅地が最も誇りと致しますは完備した道路網で環状線式の散歩道が地区の中央部を一

常盤台公園

周し」「整然たる理想的道路網で御座居ます。」「電気、瓦斯《ガス》、水道の施設を致しますは勿論《もちろん》で御座いますが」「排水には多大の犠牲を払いまして全部暗渠式に致しましたので汚水の汎濫、悪臭の発散等は絶対になく衛生的になっております」「特に御居住者の保健に備え中央部に二千坪の公園と駅前に二百坪余りの文化的施設なる庭園式緑地帯を配置致しましたので散歩道に植え込んだ街路樹と共に文字通り健康住宅地で御座います」

たしかに常盤台住宅地を歩いていると、自転車で走る主婦たちが多いように思えた。居住者とその生活に必須なサービスに関わる自動車以外は通り抜けることがまずなく（街路が複雑だから通り抜けには適さない！）、居住者が安心して歩いたり、自転車に乗ったりできるのであろう。

軍人がいなかった

常盤台住宅地を購入したのは会社役員が多く、全体の五〇%いたという。田園調布が三五%、洗足が二二%、目白文化村が二七%だったから、常盤台住宅地の多さは突出している。

そのかわり、軍人はゼロであり、官吏も四%と少なかった（板橋区、一九九九）。成城も軍人が二%と少ない。田園調布は先述したように軍人が一三%、洗足は一二%であった。

常盤台住宅地や成城に、田園調布のような、偉そうな雰囲気があまり感じられないのは、やはりこの軍人比率の低さにも関係していると思われる。

また、常盤台住宅地が田園調布、成城に比べるとはるかに知名度が低いのは、田園調布や成城のように、戦後の有名映画俳優、小説家などが住まなかったためであろう。

しかし、当初居住者の学歴は、学歴が判明した七十八人中、十九人が東京大学、以下慶応七人、早稲田五人、一橋五人、東工大三人と、かなり高学歴である。考えてみれば、本郷から市電で池袋まで来て、それから東上線に乗り換えればすぐにときわ台駅だから、東大出身者が多いことはうなづける。

	田園調布	山王	洗足	成城学園	常盤台	目白文化村
会社役員(人) (%)	119 (34)	161 (67)	60 (22)		61 (50)	22 (28)
会社員	87 (25)		64 (24)	17 (38)	24 (20)	13 (17)
官　吏	28 (5)	17 (7)	59 (22)	5 (11)	5 (4)	2 (3)
教　師	24 (7)	6 (2)		12 (27)	5 (4)	18 (23)
医　師	9 (3)	11 (5)	14 (5)	4 (9)	7 (6)	1 (1)
軍　人	44 (13)	9 (4)	32 (12)	1 (2)		9 (12)
議　員	5 (1)	8 (3)			6 (5)	3 (4)
商工業者	8 (2)	7 (3)	29 (11)	1 (2)	6 (5)	
資産家	3 (1)	2 (1)				2 (3)
その他	17 (5)	18 (7)	9 (3)	5 (11)	6 (5)	8 (10)
なし	6 (2)	2 (1)			1 (1)	
合　計	350	241	267	45	121	78

居住者の職業比較　資料：板橋区教育委員会『常盤台住宅物語』（1999）、大田区教育委員会『大田区の近代建築 住宅編２』（1992）をもとに三浦展作成。

このように常盤台住宅地は、全国的な知名度、ブランド性においては、他の高級住宅地に劣るとはいえ、実質的には高級住宅地の名にふさわしいところであり、むしろいたずらに知名度が上がらなかったことが、無用な建て替えや土地の分割をあまり経ずに、現在まで良好な状態を保っている理由であろう。

もちろん、東武鉄道は当初から建築規制を設けていた。まず「住宅地内には住宅以外の建物を建ててはいけない（但し、病院、写真館を除く）」とした。病院はわかるが、写真館が許可されたのが面白

常盤台の邸宅

い。中流階級の人々が家族で写真を撮影することが多かったのだろうか。

規制の二番目は「ゆとりのある二階建て住宅地とし、二階壁面は後退する」。つまり、最近の住宅によくあるように、一階も二階も同じ床面積ではなく、一階の面積は大きく、二階の面積は小さくすることで、ゆとりのある景観を実現しようとした。

第三は「道路に面した敷地境界は生け垣とし、前庭を設ける（緑あふれた街並みとする）」。たしかに常盤台住宅地では生け垣がまだ多く残っているように感じられる。

第四は「住宅を建てる際に東武鉄道から建築許可を受けること」。こうした規制によって、常盤台住宅地は今もなお、他の住宅地と比べても緑が多く、家が建て込んだ感じがしない、ゆとりのある景観をつくりだしているのである。

向山《むかいやま》城南田園住宅

ときわ台駅から東武東上線で池袋に行き、そこで西武池袋線に乗り換えると五駅目が練馬。そこで西武豊島線に乗り換えると一駅で豊島園駅に着く。遊園地の「としまえん」が目の前である。

としまえんの南、豊島園駅の西の、豊島区向山三丁目に「城南田園住宅」という住宅地がある。豊島区なのに城南とはおかしい、城西か城北だろうと思われる方がいるだろうが、ここでいう「城」は江戸城ではなく、豊島城である。またの名を練馬城といい、一四世紀に豊島氏一族が支配した。

としまえんは蛇行する石神井川を挟む形になっているが、としまえんの北側の高台には春日神社と寿福寺がある。春日神社は、練馬城主・豊島泰経が一族の守護神として崇敬したものだという。

としまえんの南側が、城南田園住宅。街路樹はないが、生け垣が多く、また庭の大木がすばらしく繋っていて、非常に緑の豊かな住宅地である。練馬区の「みどりを保護し回復する条例」により「みどりのモデル地区」に指定されている。

城南田園住宅ではない周辺地区も緑が多く、地主とおぼしき家のまわりは屋敷林で囲まれたり、大きな欅が立っていたりして、農村的な風景とすら言える。

内田青蔵「『城南田園住宅組合』住宅地について」によれば、城南田園住宅は、一九二四年（大正一三年）から区画整理が実施され、一九二七年（昭和二年）に最初の住宅が建設された。デベロッパーではなく、住宅組合「城南田園住宅組合」によって建設された住宅地である。

城南田園住宅組合は、一九二四年に設立されたものであり、設立者は小鷹利三郎という東京帝国大学付属病院助手である。小鷹は、山形県・米沢の出身であることもあって、人口が密集

向山城南田園住宅の街並み

周辺には農村的な風景も見られる

した当時の東京都心に対して、自然の豊かな住宅地を建設しようという気持ちが強かった。小鷹の家は米沢では「貧乏士族」であり、自宅も百坪足らずの屋敷だった。しかしそこでの生活は「四季折々の野菜や果樹を自作」することによリ、自然の恵みを得ることができる生活であった。そうした生活を郊外で少しでも実現するのが小鷹の目標だったという（内田）。

そこで小鷹は同郷の東京高等工業学校（現・東京工業大学）の橘節男や、医師・川路耕作、山一証券役員の平岡伝章らとともに住宅地のための候補地を探し始めた。大正十年に根津財閥初代総帥の根津嘉一郎が武蔵高等学校を練馬区に創立することになったため、小鷹らは練馬駅周辺に土地を探した。最初は練馬駅南側の南蔵院の所有地を借りようとしたが不調に終わり、その後、現在の地を借りることになった。豊島城の落城の際に令嬢たちが断崖から石神井川に投身したため、幽霊が出るという噂がある土地だった。そんなこともあってかえって借地がうまくいった。

組合の設立総会では、「砂塵眠を蔽い喧騒耳を聾する魔の都」である東京都心を離れ、「気澄み亙《わた》る田園の中に悠々一日の労苦を忘」れる「田園生活の一大楽園を創設」することが趣旨として掲げられた。組合の規約としては、「一、住宅は数日各室に日光を直射すること、二、住宅は土台を高くすること、三、建物は隣地より六尺離すこと、四、建坪は敷地の四割迄とすること、五、建物配置図は一応組合に提出し承認を得ること、六、住宅は一五〇坪につき一戸を越えざる割合とすること」が決められた。実際の住宅は、一区画が一八〇坪から一一〇〇坪と広く、最も多いのが三〇〇〜四〇〇坪だったというから、現代の都心の住宅と比べれば一〇倍近い。こうした広々とした区画割りは、小鷹が、先述したように、米沢のような四季折々の野菜や果樹を自作する暮らしをこの地で実現しようとしたからだという（内田）。

組合員四十二名の職業は、医師九人、会社経営・役員、会社員、教育・研究職各六人、官吏、自営業各三人などとなっており、軍人は一人のみ（内田）。軍人が少ない点は常盤台住宅地と似ている。そのせいか、たしかに、常盤台住宅地や城南田園住宅の雰囲気は、田園調布、山王、洗足、桜新町といった軍人の多かった住宅地と比べると、のどかであり、あまり偉そうな雰囲気がないように思えてしまう。

そのため高級住宅地に含めていいのかとも思ったのだが、所得は平均七三〇〇円であり、国民平均一六四〇円に対して、はるかに高い。学歴がわかる十七名のうち、七名が東大、四名が東工大。前住地がわかる十二人のうち、本郷区が三人、大和村が四人、田端が二人など、やはり本郷周辺が多い（内田）。こういう点からするとやはり高級住宅地であろう。

そして出身地がわかる十八人のうち、小鷹同様山形県の出身者が七人。その他も、岩手、福島、長野、山梨、静岡、京都、兵庫、福岡と、地方出身者が多かった（内田）。このように地方出身者が多いことにも、城南田園住宅が今もなお、緑豊かな自然環境を大事にしながら残している理由があるのかもしれない。

江古田、目白

西武池袋線に来たついでに、江古田駅に寄ろう。江古田は高級住宅地とは言い難いが、先述した武蔵高校、そして武蔵大学、日大芸術学部、武蔵野音大があり、自由で伸びやかな雰囲気がする街であり、何と言っても同潤会分譲住宅地がある。

▲江古田の商店（４点とも）

▲江古田同潤会分譲住宅

目白文化村の洋風住宅

同潤会分譲住宅地は、日大芸術学部の北隣、小竹町一丁目にある。明らかにほぼ当時のままと思われるのは一軒だけで、これは二〇一〇年に登録有形文化財に認定されたらしい。あと二軒ほど、かなり当時の姿を残しているものがある。住宅地全体としてもあまり土地が分割されていないようである。

また、江古田の商店街といえば、北口から北西に延びるゆうゆうロードが有名だが、江古田駅北口市場は活気があっていいし、北口商店街「ふれあいの街」の一部、武蔵野音大に到るまでの道もまったりした雰囲気が好ましい。なかでも、いかにも学生街らしい喫茶モカが渋い。シャッターが閉まっている店もいくつかあるが、今後カフェなどが増えれば、三大商店街（一一九頁）の仲間入りを果たすだろう。

同潤会から南下していき、鉄道で言えば、都営地下鉄大江戸線落合南長崎駅から中井駅にかけてが、目白文化村と呼ばれた地域である。現在の新宿区中落合四丁目あたり。

ただしこの地域については拙著『大人のための東京散歩案内』で紹介したので、本書では割愛する。ひとことだけ書くと、目白文化村はかなり建て替えが進んでおり、文化村の時代を偲ばせる家はまず一軒しかないのではないか。

私が好きだった中落合一丁目の聖母病院裏の坂道も、かなり家が建て替わったせいか、十年前と比べると、どうも趣に欠けるようである。高級住宅地もどんどん変化してしまう。これは宿命なのか。それとも、経済成長を最優先してきた二〇世紀だけの現象なのか。できれば、二一世紀は、よい住宅地がそのまま残っていき、むしろさらに歴史と文化を感じさせる住宅地として成熟していく様子を見ることができる時代になるようにしたいものである。

〔名店、老舗、名物店〕
鮨金（寿司）　板橋区南常盤台一丁目三一―一六
ウイーン（喫茶）　板橋区常盤台二丁目二七―一〇　名曲喫茶のような名前だが、そうではない。

モカ（喫茶）　練馬区栄町三九―五　いかにも学生街らしい、安い、うまい、落ち着く喫茶店。

参考文献

越沢明『東京都市計画物語』日本経済評論社、一九九一／ちくま学芸文庫、二〇〇一
板橋区教育委員会『常盤台住宅物語』一九九九
和田清美「『健康住宅地・常盤台』のまちづくり」（山口廣編『郊外住宅地の系譜』鹿島出版会、一九八七）
内田青蔵「『城南田園住宅組合』住宅地について」（山口廣編『郊外住宅地の系譜』鹿島出版会、一九八七）

東京西郊住宅地開発史年表

和暦	西暦	事　象
明治12	1879	コレラ流行、死者105,786人
明治17	1884	山王に八景園ができる。
明治19	1886	コレラ流行、死者108,405人
明治21	1888	東京市区改正条例
明治22	1889	甲武鉄道（現・中央線）開通（新宿～甲府）
明治23	1890	コレラ流行、死者35,227人
明治24	1891	甲武鉄道、荻窪駅開業
		コレラ流行、死者7,760人
明治27	1894	玉川砂利電気鉄道㈱創立
明治30	1897	伝染病予防法公布
		後藤新平「救済衛生精度に関する意見書」提出
明治31	1898	**（英）ハワード、「明日の田園都市」**
明治33	1900	下水道法発布
明治36	1903	岩崎一が東京信託社を創立
		（英）レッチワース田園都市着工
明治39	1908	東京信託社は資本金150万円で東京信託株式会社となる
明治40	1907	内務省有志による『田園都市』刊行
		玉川砂利電気鉄道、渋谷道玄坂～二子ノ渡（現・二子玉川）間が開通
		帝国大学医学部教授・入澤達吉、荻窪に別邸を建て、「楓荻荘」と名付けた
明治42	1909	耕地整理法公布
明治43	1910	コレラ流行、死者1,656人
明治45	1912	蒲田に黒沢村及び工場が建設される
		哲学者和辻哲郎、山王に住み始める
大正元年	1912	コレラ流行、死者1,763人
大正2	1913	**渋沢栄一、田園都市建設についての構想を練り始める**
		桜新町第一回売り出し
		京成電気軌道開通、京王電気軌道開通
		日本結核予防協会設立
大正3	1914	東上鉄道開通
		第一次世界大戦、日本参戦
大正4	1915	武蔵野鉄道（池袋～飯能間）開通
大正5	1916	山王で耕地整理開始、住宅地化への準備進む
		日暮里に渡辺町が建設される
		コレラ流行、死者7,842人
		後藤新平、内務大臣に就任
		第一期水道拡張工事起工　村山貯水池、境浄水場、配水管の敷設
		田園都市㈱設立。渋沢栄一らの提唱による新構想に基づく住宅地造成用の土地選定開始
大正7	1918	第一次世界大戦が終わる

大正 7	1918	玉川水道株式会社給水開始
大正 8	1919	小田原電機鉄道開通、生活改善博覧会、都市計画法発布
		渋沢秀雄、欧米住宅地視察
大正 9	1920	箱根土地株式会社設立
		結核予防法制定
		荏原電気鉄道　大井町～調布村間地方鉄道施設免許なる
		五島慶太　武蔵電気鉄道常務に就任
大正 10	1921	住宅組合法制定
		大和郷が本駒込で建設される
		都市計画法施行
		コレラ流行、死者 3,417 人
		田園都市㈱、住宅開発用地として合計 48 万坪（約 159 万㎡）買収完了
		後藤新平、東京市長に就任
		市街地建築物法施行
大正 11	1922	**上野で平和記念東京博覧会開催。住宅を展示した文化村が話題になる**
		目白第一文化村分譲開始
		洗足池・大岡山田園都市分譲開始
		甲武鉄道、高円寺、阿佐ヶ谷、西荻窪駅開業
		山王・八景園が住宅地として分譲される。
		山王に大森ホテルパンシオン開業
		東京市政要綱（後藤新平）発表
		神戸の三菱・川崎造船所ストライキ（戦前最大争議となる）
		田園都市㈱管理地に限り、自家発電が許可される
		目黒蒲田電鉄㈱設立（資本金 350 万円。田園都市㈱の姉妹事業）　田園都市㈱及び武蔵電気鉄道㈱より鉄道敷設権を譲り受ける
		目黒蒲田電鉄創立　専務に五島慶太就任（10/2）
		池上線（池上～蒲田間）開通
		帝都土地、赤堤に住宅地を分譲
大正 12	1923	山王の射撃練習場にテニスコートができる
		目黒線（目黒～丸子間）開通　調布（現・田園調布）駅にヨーロッパ風の駅舎建設される
		渋谷町水道給水開始
		池上線、雪ヶ谷～池上間開通
		田園都市㈱、田園調布（多摩川台地区Ⅰ、Ⅱ）分譲開始
		箱根土地開発、目黒小瀧園住宅地を分譲
		関東大震災
		目黒蒲田電鉄、目黒～蒲田間が全線開通（名称：目蒲線）。調布駅（後の田園調布駅）開業
		帝都土地、用賀、幡ヶ谷、池尻に住宅地を分譲
大正 13	1924	大岡山、田園調布（多摩川台Ⅲ、Ⅳ）分譲
		箱根土地㈱、大泉学園分譲・小平学園分譲開始
		帝都土地、恵比寿、中野で住宅地を分譲

大正 13	1924	多摩川園開園
		城南住宅組合結成
		第一土地建物会社が上北沢で住宅地を開発分譲
		「玉川全円耕地整理組合」が創設
		財団法人同潤会設立
		奥沢に水交住宅組合による住宅地ができる。通称**海軍村**。近くにはドイツ村もできた。
		武蔵電気鉄道㈱が社名を東京横浜電鉄㈱に変更
		同潤会が、方南（旧豊玉郡和田堀町）などに仮住宅起工
		東京横浜電鉄　多摩川～新神奈川間工事施工認可
		同潤会、荏原などに普通住宅住宅起工
		与謝野鉄幹、晶子夫妻、荻窪に転居
大正 14	1925	井荻町土地整理組合設立
		山手線環状運転開始、南電気鉄道（府中～八王子）開通
		成城学園後援会地所部、成城学園分譲開始
		箱根土地、新宿区下落合に近衛町住宅地を分譲
		東京横浜電鉄㈱、神奈川線多摩川橋梁の建設開始　玉川水道㈱による水道施設工事開始。清浜婦人会発足、会の命名は与謝野晶子
		同潤会、青山アパート、代官山アパート起工
大正 15	1926	目蒲線調布駅を田園調布駅、多摩川駅を丸子多摩川駅と改称（丸子多摩川駅は昭和 6 年 1 月多摩川園前駅と改称）
		田園調布会創立。続いて「田園調布規約」が作成される。『田園調布会誌』創刊（昭和 16 年 6 月通巻 65 号まで継続）
		柳田國男、成城に住み始める
		東京横浜電鉄、等々力、奥沢、田園調布南で住宅地を開発
昭和 2	1927	箱根土地、国立、渋谷区南平台、中野区大石邸で住宅分譲
		大井町線（大井町～大岡山間）開通
		東京横浜電鉄㈱の渋谷線（渋谷～丸子多摩川間）が開通、同時に渋谷～神奈川間直通、神奈川線と併せて東横線と命名
		池上線「調布大塚」（現・雪が谷大塚）を新設
		上野～浅草間に初の地下鉄開通
		三井信託、中野桃園町、目白台、池袋本町で住宅地分譲
		小田急電鉄、祖師谷、喜多見、狛江で住宅地を分譲
		徳川夢声、荻窪に転居
		帝都土地、鍋屋横丁で住宅地を分譲
昭和 3	1928	京王電気軌道（新宿～八王子）開通、多摩湖鉄道（国分寺～萩山、萩山～村山貯水池）開通
		目黒蒲田電鉄、田園都市㈱を合併
		同潤会、上野下アパート起工
		池上線、雪ヶ谷～新奥沢間開通（昭和 10 年 11 月 1 日廃止）
		三井信託、恵比寿西、羽根木で住宅地を分譲
		小田急電鉄、千歳船橋で住宅地を分譲

昭和3	1928	箱根土地、西郷山で住宅地を分譲
昭和4	1929	同潤会、赤羽、荻窪、阿佐ヶ谷に勤人向分譲住宅分譲開始
		目黒蒲田電鉄、奥沢で住宅地を分譲
		成城で、朝日住宅展覧会開催
		大井町線、自由ヶ丘〜二子玉川間開通
		三井信託、山王の源蔵が原で住宅地を分譲
		小田急電鉄、成城で住宅地を分譲
昭和5	1930	大井町線、尾山台駅開業
		目黒蒲田電鉄、上野毛で住宅地を分譲
昭和6	1931	同潤会、洗足台第一分譲住宅を分譲
		荻窪に西郊ロッヂングができる
		目黒蒲田電鉄、尾山台で住宅地を分譲
		三井信託、恵比寿南、善福寺、東中野で住宅地を分譲
昭和7	1932	自由学園南沢学園町
		同潤会、洗足台第二分譲住宅を分譲
		洗足駅前にパン屋、ロンシェール開業
		尾山台Ⅱ、奥沢中丸山
		大東京市35区となる
		「田園調布」が町名として公認される
		三井信託、杉並区和田で住宅地を分譲
		三菱信託、阿佐ヶ谷、高円寺で住宅地を分譲
昭和8	1933	同潤会、雪が谷分譲住宅を分譲
		音楽評論家・大田黒元雄、のらくろの作者田河水泡、作家・太宰治が荻窪に転居
		三井信託、戸越公園で住宅地を分譲
		帝都電鉄(渋谷〜井の頭公園)開通
昭和9	1934	久が原、鵜の木駅前、西新井駅前、堀切駅前付近、足立区梅島、板橋区徳丸を分譲
		東京地下鉄道(銀座〜新橋)開通
		帝都電鉄(井の頭公園〜吉祥寺)開通
		三井信託、杉並区上荻、西落合、中野小淀、中野宮前町で住宅地を分譲
		同潤会、江古田、松陰神社に勤人向分譲住宅起工
		目黒蒲田電鉄が池上電気鉄道を合併
		東京横浜電鉄　東横百貨店を開業
		田園テニス倶楽部発足。渋谷に東急百貨店開業(京浜地区初の私鉄経営ターミナルデパート)
昭和10	1935	同潤会、松蔭分譲住宅起工
		雑誌『国際建築』一九三五年三月号に等々力ジードルンク計画発表
		東武鉄道、ときわ台駅開業(当初は武蔵常盤駅)
		箱根土地、世田谷区守山園、目黒松風園住宅地を分譲
昭和11	1936	東武鉄道㈱　常盤台分譲開始
		三井信託、杉並区和田、上池台で住宅地を分譲
		田園コロシアム開業

昭和 11	1936	東京横浜電鉄、祐天寺で住宅地を分譲
		目黒蒲田電鉄、大田区南千束、池上で住宅地を分譲
昭和 12	1937	田園調布会が優良町会として東京市から表彰される
		近衛文麿が入澤達吉の別邸を譲り受け「荻外荘」と名付けた
		東京横浜電鉄、豪徳寺、下北沢で住宅地を分譲
		三井信託、杉並区桃井、練馬区沼袋で住宅地を分譲
		井の頭田園土地、吉祥寺で住宅地を分譲
昭和 13	1938	東京横浜電鉄、三宿台、代々木上原で住宅地を分譲
		同潤会、大田区の調布千鳥町に職工向分譲住宅起工
		目黒蒲田電鉄、石川台で住宅地を分譲
		三井信託、下高井戸、新宿区柏木で住宅地を分譲
		京王電鉄、南烏山、上祖師谷、粕谷で住宅地を分譲
		武蔵野鉄道、大泉学園で住宅地を分譲
		井の頭田園土地、杉並区井草で住宅地を分譲
		目黒蒲田電鉄が東京横浜電鉄を合併　東京横浜電鉄と商号変更(10/16)
昭和 14	1939	東京横浜電鉄、祐天寺、上目黒で住宅地を分譲
		井の頭田園土地、石神井で住宅地を分譲
昭和 15	1940	東京横浜電鉄、三軒茶屋、渋谷区桜ヶ丘で住宅地を分譲
昭和 16	1941	西大井に東芝会館のもととなる三保幹太郎邸ができる
		東京横浜電鉄、世田谷区新町で住宅地を分譲

山口廣編『郊外住宅地の系譜』(鹿島出版会、1987)、片木篤・角野幸博・藤谷陽悦『近代日本の郊外住宅地』(鹿島出版会、2000)、東京急行電鉄株式会社社史編纂委員会『東京急行電鉄 50 年史』(1973)、大田区教育委員会『大田区の近代建築　住宅編１、２』(1992)、板橋区教育委員会『常盤台住宅物語』(1999)、田園調布会『郷土誌　田園調布』(2000)、内田青蔵・藤谷陽悦・吉野英岐 編『同潤会基礎資料　第Ⅱ期第３巻』(柏書房、1998) などより作成。

あとがき

まえがきに、私が高級住宅地を調べたいと思うに至った理由が、バブル時代に破壊された世田谷の住宅地にあると書いた。しかし、もうひとつ理由があるように思う。それは、私の深い潜在意識によって規定されているものであり、つまるところ、田園的なものを求める心理である。

私の父の家は新潟県で代々続いていた庄屋であるが、その庄屋の古い家に私たち家族四人が住んだことがある。私が三歳から五歳までのあいだだった。五百坪ほどの敷地に平屋の茅葺きの七十坪ほどの家が建っていた。幼い私にはとてつもなく広く感じられた。実際、私と兄は家の中で野球のまねごとをしていたほどだ。

庭には太い木が何本も立っており、築山があり、ひょうたん池があり、池の横に先祖代々の墓があった。家の中には土間もあり、土間の外側には馬を洗うもう一つの池があり、池の横には蔵があった。蔵は、子どもが悪さをすると閉じ込められるのだが、私も二度ほど閉じ込められそうになった。蔵に閉じ込められなくても、家の隅にある便所は夜になると暗くて怖い。風呂は薪で沸かす黒い五右衛門風呂で、やはり幼い私には十分怖かった。まわりを田圃で囲まれた家には、夏になると網戸に大きな蛾が止まり、それも怖くて眠れないほどだった。昔の家は怖いものだらけだったのだ。

その広い家ですら、本来の母屋ではなく、長屋門を改造したものだという。本来の母屋は祖母が子ども時代に火事で焼けてしまったのである。土地も昔は三千坪ほどあったらしいが、売ってしまった。三千坪の家を見てみたかったものだが、五百坪の家ですら今はない。私たち家族が郊外の団地に引っ越した後に売られてしまい、今は田圃になっている。まさに引っ越しの当日から庭の大きな木が切られ始めていた。その光景は今でも忘れない。

私が西郊の高級住宅地を歩いていて最も心が躍るのは、広い庭に大きな木が立ち、できれば池や蔵のある家を見つけたときである。もちろん池まである家はなかなか見つからないが、大きな木と蔵のある家は珍しくない。私はそこに高級な家を見たいのではなく、私の心の奥底にある原風景を投影しているのである。

しかし、その原風景は、単に、大きな木のある広い庭と古い家だけからなるものではない。まだ三十代前半だった私の両親と、兄弟二人で住んでいた家族の記憶も含めた原風景である。たまに訪れてくる祖母ですら、まだ六十代前半だった。墓参りに伯父、伯母の家族全員が集まった写真を見ると、みんながあまりに若くて、深い感慨を禁じ得ない。

高級住宅地というものは、日本の近代化を象徴するもののひとつであろう。近代的な、つまり欧米的な生活様式を実現する場が西郊の高級住宅地であったからであり、本書でも見たように、そこにはしばしば近代国家の中枢を占める軍人たちが多く住んだのである。そして、郊外の開発とともに新しい家族像が提唱された。一家がテーブル（あるいはちゃぶ台）を囲み談笑する（サザエさん的な）家族である。健康的な住宅地の「文化的」な住宅に住む明るい家族が求められたのだ。

一方で、そうした近代化の背後には、私の祖母の家のような、農村の古い大家族の解体があった。封建的な大家族から近代的な家族への転換、農村から都市への人口の移動、立身出世、中央集権化という近代化のさまざまな潮流の中に、祖母の家もあったのだ。

だが、農村の大家族と入れ替わって増加した近代的な家族や、それを入れる箱としての郊外住宅も、現在の高齢化、少子化という新しい潮流の中では、もはやなかなか再生産されず、これから数十年、ただ減少していくだけである。つまり、郊外住宅というものは、近代化という特殊な歴史状況のなかで、ごく一時的に必要とされたものであり、これからの時代には主流たり得ないし、家族を入れた住宅という箱も、ただ使い捨てられていっただけであると言うこともできるだろう。

本書が取り扱った東京西郊の住宅も、今ではすでにほとんどが建て替えられた。庭の木は切られ、土地は分割され、近年は小さなプレハブ住宅が建ち並ぶことも多い。そのように考えると、今の私には、あの古い庄屋の家が、近代化のプロセスの中でなくなってしまったことが惜しまれてならない。だからこそ、あの家の残像を感じさせる住宅が、まだ西郊の中に残っているのを見つけると、とてもいとおしいのである。

二〇一二年秋

三浦　展

著者について

三浦 展（みうら・あつし）

一九五八年、新潟県生まれ。一橋大学社会学部卒業。八六年、パルコのマーケティング雑誌『アクロス』編集長、九〇年、三菱総研を経て、九九年、カルチャースタディーズ研究所設立。

著書に『東京は郊外から消えていく！』（光文社新書）、『スカイツリー東京下町散歩』『第四の消費』（以上、朝日新書）、『奇跡の団地 阿佐ヶ谷住宅』（王国社）、『中央線がなかったら』（NTT出版）など多数。

東京《とうきょう》高級《こうきゅう》住宅地《じゅうたくち》探訪《たんぼう》

二〇一二年一一月二〇日初版
二〇一三年 一 月二五日二刷

著者 三浦展

発行者 株式会社晶文社

東京都千代田区神田神保町一－一一

電話（〇三）三五一八－四九四〇（代表）・四九四二（編集）

URL http://www.shobunsha.co.jp

印刷 株式会社ダイトー

製本 ナショナル製本協同組合

ISBN978-4-7949-6787-9 Printed in Japan